S

LA VIGNE

À L'ÉCOLE

DU PHYLLOXERA

AVIGNON, TYP. DE FR. SEGUIN AÎNÉ, RUE BOUQUERIE, 13

LA VIGNE

A L'ECOLE

DU PHYLLOXERA

THÉORIE RATIONNELLE DE VITICULTURE

> La Providence cache toujours une secrète
> leçon pour l'homme dans les fléaux qui
> viennent le frapper, et l'insecte est un des
> grands instituteurs de l'humanité.

AVIGNON

J. ROUMANILLE, LIBRAIRE-ÉDITEUR

19, rue Saint-Agricol, 19

—

1875

©

L'opuscule que je publie sous ce titre un peu réaliste, *la Vigne à l'école du Phylloxera*, est la reproduction d'un mémoire que j'ai adressé à M. le Ministre de l'agriculture, dans les derniers jours de l'année 1872, sur les procédés rationnels de culture à mettre en œuvre contre le Phylloxera. Je n'ai eu qu'à apporter quelques modifications dans la forme, et à donner au fond quelques développements pour en faire un travail complet, qui, je l'espère, pourra aider la science à résoudre le redoutable problème qu'un insecte est venu lui poser.

Depuis l'envoi de mon mémoire, la théorie que je vais exposer sur la culture de la vigne à haute tige, a été émise dans un rapport à l'Académie des sciences, en janvier 1874, sous un autre nom que le mien. Je n'ai pas à me plaindre de cet heureux hasard ; mon manuscrit, soumis par M. le Ministre à l'examen de la Commission départementale de l'Hérault, avait été lu sans doute par celle-ci un peu sommairement, et ma théorie rationnelle de culture était sortie de son examen. réduite à cette étrange formule : *Fumure des ceps avec l'engrais Ville n° 4* (1).

C'était donc une bonne fortune que de rencontrer un homme d'esprit qui protestait contre l'oubli où la Commission avait relégué mon idée, et qui lui ouvrait les portes de l'Institut. Je dois dire cependant que M. Carrière l'avait déjà fait connaître dans la chronique de la *Revue horticole* de Paris, à la date du 1er octobre 1873, et que M. Marius Faudrin, dont l'intelligente collaboration m'a été si utile, l'avait chaudement patronnée dans ses cours d'arboriculture, et propagée dans notre région méridionale.

Grâce à ce concours inespéré, ma méthode rationnelle de cul-

(1) Résultats des divers procédés de guérison proposés à la Commission pour combattre la nouvelle maladie de la vigne, p. 36. Montpellier, C. Coulet, libraire-éditeur.

ture, malgré l'indifférence des juges qui lui avaient été assignés, a pris crédit dans l'opinion publique, et s'est fait dans la science une place telle, que M. Félix Sahut, l'un de ses juges et l'un de nos éminents horticulteurs, constate lui-même l'importance exceptionnelle qu'elle a acquise dans ces derniers temps, la signale comme une question grave à étudier, et croit devoir qualifier d'esprits éclairés ceux qui l'ont mise en faveur (1).

Ces explications données, on comprendra qu'en publiant ce mémoire, et qu'en répondant aux vœux de la science exprimés par l'un de ses organes les plus accrédités, je suis bien aise de justifier de la priorité d'idée que je revendique, et que semblent me dénier les termes mêmes du compte-rendu de la Commission. Un mot de M. Henri Marès, président de cette Commission, aurait suffi pour établir la vérité des faits, mais je l'ai vainement sollicité : l'honorable président a pensé peut-être qu'il n'avait à la chose aucun intérêt, ou qu'il avait épuisé les convenances envers moi, et il n'a pas daigné répondre. Ma lettre est aujourd'hui la seule pièce justificative que je puis produire : je la livre à l'appréciation du public; elle témoignera à défaut de la réponse qui lui était due, et servira en même temps d'introduction à cet opuscule.

Fontségugne, 1er octobre 1874.

Jules GIÉRA.

---

(1) *Revue horticole*, Paris, 1er septembre 1874. — *La taille de la vigne à haute tige et le phylloxera.*

A **Monsieur Henri Marès**, Correspondant de l'Institut, Président de la Commission départementale de l'Hérault de la maladie de la Vigne caractérisée par le Phylloxera.

Monsieur,

Je reçois la brochure où se trouve relaté le résultat des travaux de la Commission de l'Hérault chargée des études qui se rapportent à la maladie de la vigne. Je suis vivement contrarié d'y voir mon nom attaché à un procédé de guérison dont je ne me reconnais pas l'auteur, et pour lequel certainement je n'aurais pas pris la peine d'écrire un mémoire.

A mon avis, la culture à basse tige prédispose la vigne à la maladie du Phylloxera, en affaiblissant le système radiculaire ; on ne conjurera donc efficacement le fléau qu'en se formant, par l'étude raisonnée des faits, une nouvelle théorie de culture en opposition avec la parthénogénésie, et en rapport à la fois avec les lois physiologiques de la vigne et l'influence des milieux auxquels tout obéit.

Dans le mémoire qui a été soumis à votre examen, j'ai démontré que la culture de la vigne en hautain répondait à ce triple but, et j'ai indiqué ce mode de culture *comme le seul procédé à mettre en œuvre contre le Phylloxera*.

Il y a, Monsieur, entre cette indication et celle que m'a attribuée la Commission, une contradiction telle que je me crois en droit d'obtenir d'elle une rectification, et que je viens vous prier de restituer à mon travail son véritable caractère.

La Commission ne peut substituer à un procédé de culture une simple indication pratique qui, comme accessoire, a son utilité, mais qui, seule et isolée, est insignifiante et dérisoire.

Elle le peut d'autant moins qu'un rapport sur la culture de

la vigne en hautain a été présenté dernièrement à l'Institut sous un nom qui n'est pas le mien.

L'honorabilité de votre caractère, Monsieur, me fait espérer que, comme Président de la Commission, vous accueillerez favorablement ma demande, et je vous l'adresse en toute confiance.

Daignez agréer, Monsieur, l'hommage de mes salutations respectueuses.

J. Giéra.

Fontségugno, 14 février 1874, par Gadagne (Vaucluse).

LA VIGNE

A L'ÉCOLE

DU PHYLLOXERA

I

Le Phylloxera n'est pas un ennemi vulgaire dont on peut triompher avec des agents chimiques ou des procédés pharmaceutiques. Nous nous sommes livrés sur son compte à des illusions que nous payons chèrement. La science évidemment a fait fausse route : elle s'est laissé détourner de l'observation des faits et de l'étude raisonnée des lois de la nature par la recherche facile en apparence d'un agent destructeur ; elle s'est épuisée en vains efforts pour exterminer l'insecte, au lieu de s'appliquer à fortifier par une culture rationnelle le système radiculaire des vignes contre les atteintes du Phylloxera, et à combattre la multiplication du terrible parasite, en abrégeant la série des générations dévastatrices qui constituent seules le fléau.

Aujourd'hui, l'infirmité de ces efforts apparaît dans toute sa réalité. Pour s'en convaincre, il n'y a qu'à lire les comptes-rendus des Sociétés d'agriculture et des Commissions officielles : ce sont de véritables bulletins de défaite ; c'est un cri d'alarme général, et l'aveu de l'impuissance de la science à enrayer le mal qui va toujours croissant.

En effet, de tous les procédés de guérison qui nous ont été proposés, aucun jusqu'ici n'a mérité de près ou de loin ce vaillant titre ; et, quoiqu'on ne puisse avoir qu'une médiocre confiance dans les expériences faites au mas de Las Sorres, près Montpellier, il ressort néanmoins du simple examen des procédés mis à l'essai, qu'en admettant d'avance leur efficacité, ils sont tous d'ores et déjà condamnés au point de vue d'une viticulture pratique et générale (1).

Parmi ces procédés, la submersion a obtenu il est vrai, de hauts patronages et enlevé des suffrages distingués ; mais cette préférence même ne fait que mieux montrer le désarroi de la science et le vide de ses efforts : car, assurément, la submersion, prolongée pendant quarante jours, — c'est le laps de temps nécessaire indiqué par M. Faucon, — est de tous les procédés le moins pratique et le plus inconsidéré.

Qu'on se figure de vastes étendues de terre couvertes d'eau ou de glaçons chaque année pendant les longs et rigoureux mois de l'hiver ; des contrées entières transformées en marais pendant quarante jours consécutifs, — un véritable retour au déluge ! — puis ces submersions prolongées pendant trois jours en plein été ! peut-on se faire une idée des rigueurs de température, des foyers d'infection, des épidémies dont nous serions tour à tour la proie ? Et d'ailleurs, comment trouver une assez grande quantité d'eau pour inonder à la fois et en même temps, pendant quarante jours, ces régions immenses, puisque l'époque déterminée pour la submersion est fatale, et qu'on ne peut ni l'avancer ni la retarder.

Enfin, sans parler de la qualité des vins, qui serait des plus inférieures, et du prix de revient excessif eu égard à cette qualité, s'est-on bien rendu compte des difficultés insurmontables

(1) « On pourrait peut-être arriver à des préservations partielles ; les résultats qu'on obtiendrait seraient loin d'avoir le caractère d'efficacité, de pratique et d'économie qu'il est indispensable de trouver dans le procédé à la recherche duquel nous courons. »

Louis Faucon. (Bullet. de la Société d'Agr. de Vaucluse.) Juillet 1872.

que peuvent offrir soit la submersion quadragésimale dans des terrains spongieux et perméables, soit le dessèchement par une atmosphère déjà fortement saturée d'eau, dans les terrains dont le sous-sol est argileux ?

Évidemment il n'y a rien à attendre de ce procédé pour une viticulture sérieuse. Que des entrepreneurs de travaux publics ou les actionnaires de quelque canal d'irrigation en vantent les bienfaits, je comprends l'intérêt qu'ils lui portent, c'est leur affaire; mais je ne conçois pas que des hommes sensés se laissent complaisamment abuser par les apparences, et se joignent pour applaudir au chœur des grenouilles de nos marais. J'ose croire que le gouvernement, qui encourage le drainage sur tous les points de la France par des concessions et des priviléges, ne partagera pas de sitôt leur admiration, et qu'il n'entrera jamais dans la voie où certains spéculateurs voudraient l'entraîner.

Un rayon d'espoir est venu cependant jeter une éclaircie sur ce tableau sombre de notre situation viticole: on parle depuis peu, en termes enthousiastes, de l'introduction en France des cépages américains résistant au Phylloxera; mais qu'on ne se le dissimule pas, si notre méthode de culture est vicieuse et irrationnelle, comme je vais le démontrer, ces cépages, sur notre vieille terre d'Europe et sous l'influence de milieux nouveaux, auront bientôt dépensé cette force de vitalité qui seule, aujourd'hui, rend nulle en eux l'action du Phylloxera, et perdront ainsi leur immunité en perdant leur vigueur primitive.

Ce n'est pas douteux. On aura seulement aggravé le mal, ravivé le foyer de l'épidémie et porté le fléau là où il n'a pas encore pénétré; car si quelques ceps implantés chez nous ont pu infecter des régions entières, que sera-ce donc de ces milliers de ceps jetés si imprudemment sur nos marchés, et si facilement accueillis par nos Commissions imprévoyantes (1)!

(1) « Comment se fait-il qu'on aille aujourd'hui précisément au foyer de l'infection chercher des vignes pour remplacer les nôtres, qui ne seraient malades que par suite du contact des vignes américaines ? A défaut de connaissance, le simple bon sens aurait déconseillé une semblable mesure. Il est vrai que le bon sens, en France du moins, ne « court pas les rues; » il faut convenir, du reste, que c'est rarement à lui qu'on s'adresse. »

Paris, 15 octobre 1874 *(Revue Horticole).* A. Carrière.

Il faut donc en prendre son parti sans retard ; il faut bien se convaincre qu'on ne conjurera efficacement le fléau qu'en sortant de la routine et en se formant, par l'étude des mœurs du Phylloxera et des lois physiologiques de la vigne, une théorie rationnelle de culture essentiellement en rapport avec la nature de cette plante et en opposition avec l'exubérante reproduction du Phylloxera.

Notre marche est toute tracée : l'insecte qui se présente d'abord à nous pour être observé nous l'ouvre lui-même ; il nous indiquera les seuls moyens scientifiques dont nous devons user pour équilibrer les forces vives de la nature et ramener l'harmonie et la fécondité là où, par notre faute, se sont introduites la perturbation et la mort.

II

Le Phylloxera doit être classé dans ce groupe d'insectes que les entomologistes désignent sous le nom d'hémiptères. Sa trompe est repliée en dessous, mais droite et non courbée en spirale, comme celle du papillon. C'est à l'aide unique de cette trompe que l'insecte, pour sucer sa nourriture, pratique, sur les racines de la vigne, des piqûres qui les circonscrivent d'une incision annulaire, les couvrent de nodosités, et en amènent la décomposition.

A son état adulte, le Phylloxera mâle ou femelle est muni de longues ailes qui en rendent le vol lourd et embarrassé, mais qui se prêtent très-bien à l'action des vents auxquels l'insecte s'abandonne par tourbillons, à l'époque de sa migration.

Vers la fin de l'été, les femelles ailées, guidées par un admirable instinct et par leur amour pour une progéniture qu'elles ne connaitront jamais, choisissent avec un remarquable discernement les vignes qui offriront les plus faciles pâturages et le sol le plus favorable à l'extension de leur colonie, et déposent au sein de ces vignes le germe de ces générations futures et successives d'insectes qui, de proche en proche, les auront bientôt envahies et frappées de dépérissement.

Les femelles, à cet effet, pratiquent sur les feuilles ou sur le
jeune bois (car l'ancien serait trop dur) de légères incisions à
l'aide de leur frêle tarière, et pondent dans ces incisions deux ou
trois œufs, d'où éclosent bientôt deux ou trois petites larves ou
pucerons sans aile, tous femelles, et peut-être androgyne (à deux
sexes) (1).

Ces pucerons aptères descendent le long des tiges, attaquent
d'abord le chevelu des radicelles à fleur de terre, et se glissent ensuite, comme par des galeries naturelles, à travers les interstices
qui existent entre les racines et le sol auquel elles n'adhèrent jamais intimément, surtout dans les terrains argileux. Ils passent
de la sorte l'automne, s'enfonçant et remontant sous terre dans
toutes les directions, et se nourrissant de la séve des racines,
pour tomber, quand les froids rigoureux arrivent, dans un en-
gourdissement qui se prolonge jusqu'au retour de la belle
saison.

A cette époque, c'est-à-dire en mai ou en juin, le réveil est
donné, et, suivant une loi générale pour toutes les familles de pucerons, loi à laquelle s'attache un des plus grands noms de l'en-
tomologie, celui de M. Bonnet, ces femelles aptères, sans copu-
lation préalable, pondent durant tout l'été une quantité incalcu-
lable d'œufs (2), d'où naissent bientôt aussi des pucerons aptères
également femelles ou androgynes, qui pondent à leur tour; et ainsi

(1) L'éclosion peut ne se produire qu'au printemps pour quelques œufs,
mais elle a lieu ordinairement à la fin de l'été. S'il restait un doute à cet
égard, les expériences seules de M. Faucon suffiraient pour le dissiper. Les
submersions prolongées qu'il pratique en octobre dans son vignoble
ne les débarrasseraient pas du Phylloxera, si l'éclosion ne devait s'effec-
tuer qu'au printemps, et si, à l'époque des submersions, les larves ne se
trouvaient pas déjà sous terre.

(2) Les auteurs qui ont écrit sur le Phylloxera donnent ces femelles
comme vivipares, mais je les ai vues pondre des œufs, et il m'est difficile
de croire que le microscope m'a trompé ; je ne puis donc accepter sur ce
point la version commune. D'ailleurs, M. Planchon et Lichtenstein
affirment qu'une femelle aptère pond jusqu'à 500 œufs dans la galle du
Phylloxera. Cette assertion viendrait à l'appui de mon opinion. Si la femelle aptère est ovipare dans la galle, elle peut l'être sous terre. Il
faudrait peut-être conclure de tout ceci que les femelles aptères font tantôt des petits et tantôt des œufs, suivant la puissance de reproduction
dont elles sont douées et la vertu de la séve dont elles se nourrissent.

de suite pendant plusieurs générations. Ce phénomène est connu sous le nom de *parthénogénésie*.

Cependant, à l'approche de l'automne et au déclin des chaleurs, un ralentissement de fécondité se déclare chez l'insecte; le dédoublement ou la détermination des sexes s'opère, et dans les dernières générations apparaissent des nymphes à moignons d'ailes, d'où provient l'insecte ailé mâle ou femelle. D'après les savantes et consciencieuses études de MM. Planchon et Lichteinstein, ces mâles à l'état de nymphes se distinguent déjà des femelles par la nervation des ailes et par des caractères anatomiques intérieurs. Ce fait à lui seul met à néant toute la théorie fantaisiste de M. du Planty, publiée par le journal *La Vigne* et reproduite dans le *Moniteur des Communes*.

On a trop oublié que la température a une grande influence sur le double mode de reproduction des pucerons. Des entomologistes distingués, et notamment M. Kiber, ont pu obtenir en serre chaude des générations de pucerons aptères exclusivement femelles pendant quatre années consécutives. On voit par là que la chaleur est une des véritables causes de la multiplication du Phylloxera aptère, et qu'un refroidissement de température doit amener le prompt épuisement du principe parthénogénésique, épuisement à la suite duquel se produit la métamorphose. La série des générations aptères dévastatrices peut donc varier, être prolongée ou abrégée considérablement par l'aération des vignobles, les accidents de la température et les corditions climatologiques de la contrée où la colonie ailée est venue s'abattre.

Cette dernière observation, à laquelle on ne saurait trop s'arrêter, explique certains faits qui se détachent chacun comme une exception des règles générales que nous avons posées, et qui les confirment.

Ainsi, dès son introduction dans le sol en automne, la larve phylloxérique, renouvelée et pleine d'une jeune vigueur, peut se reproduire si les journées sont calmes et les soleils chauds : elle le peut surtout dans les vignes chaudement exposées qu'un reste de feuillage abrite contre la rigueur des nuits et des froides matinées ; on a vu de la sorte des vignes entières dévorées par le Phylloxera durant l'automne.

Ainsi encore la série des générations pouvant disparaître presque entièrement, la métamorphose de l'insecte, qui ne se produit ordinairement qu'à la fin de l'été, a lieu quelquefois au printemps, surtout dans les générations dont la succession a commencé aux premiers jours d'automne. Il arrive aussi que cette métamorphose, chez certains individus, éprouve quelque retard, par suite des brusques vicissitudes du climat ou pour toute autre cause, et se trouve renvoyée au renouveau. Dans l'un et l'autre cas, la ponte s'effectue alors au printemps ; et si la femelle adulte dépose ses œufs sur des feuilles en pleine élaboration, une excroissance ou petite galle naît à la suite de la piqûre que l'insecte y pratique avec sa tarière, et grossit par un afflux de sève autour de l'œuf qu'elle enveloppe. La larve, à son éclosion, trouve autour d'elle une nourriture suffisante, et au lieu de tenter les aventures d'une pérégrination pour elle toujours pleine de périls et de fatigues, se résigne sans peine à accepter son berceau aérien pour prison, et à y subir, comme d'autres pucerons dans les boursouflures du térébinthe, les phases et les développements qui l'attendaient sous terre, sans y obtenir toutefois la même fécondité.

On reconnaît que ces galles sont rares en France, et relativement plus nombreuses aux États-Unis. Cette particularité prouverait, comme nous l'avons dit, l'exception.

Quoi qu'il en soit, il ne faut pas oublier que, dans ce monde des invisibles et des infiniment petits, comme au principe des choses dans l'univers entier, la nature n'est pas toujours soumise à des lois irrévocablement déterminées, qu'il y a là encore un reste de lutte et de désordre, que la forme n'y est pas complétement maîtresse de la matière, et qu'il faut savoir y laisser une place à l'arbitraire et à l'inconnu.

Tel est, autant qu'on peut le déterminer, l'ennemi que nous avons à combattre ; la terre et l'air lui servent de véhicule ; la pluie et les vents se font ses complices ; la chaleur le multiplie ; le froid, en précipitant sa maturité physique, accélère encore sa propagation et son extension. Il vit partout, insaisissable sous terre comme dans les airs ; toutes les saisons lui sont bonnes ; il se fait à tous les gîtes ; tout semble le servir et le protéger.

Déclarez-lui donc maintenant une guerre d'extermination ; armez-vous contre lui d'acides et d'ingrédients chimiques ; mêlez le soufre à la suie et le sel à la chaux ; tracez vos cordons sanitaires ; travaillez de la pioche et de la truelle; appelez à vous l'eau, le poison et le feu : l'insecte se rira des efforts du lion ; il saura lasser votre vigilance, ou vous condamner à rendre vos vignes stériles. Il n'est pas jusqu'à la submersion prolongée pendant 40 jours dont il ne se soucie, car il sait qu'une question de salubrité publique le protége de ce côté, et que, si de telles submersions étaient pratiquées sur une large échelle, l'homme serait décimé avant lui par de cruelles maladies.

Eh quoi ! faut-il alors désespérer du salut de nos vignobles et les abandonner sans retour à leur redoutable ennemi ? Gardons-nous-en bien ! La Providence cache toujours une secrète leçon pour l'homme dans les fléaux qui viennent le frapper, et l'insecte est un des grands instituteurs de l'humanité. Sachons observer, sachons lire dans les lois de la nature et en comprendre les éternelles harmonies. Nous ne pouvons violer les unes ou troubler les autres sans en être sévèrement punis. Apprenons à l'école du Phylloxera à les connaître et à les respecter.

III

En 1789, la superficie des terrains occupés par la vigne s'élevait à 1,500,000 hectares. Ce chiffre, en 1849, avait presque doublé, et atteignait 2,192,939 hectares ; il devait s'accroître dans de plus rapides proportions les années suivantes ; enfin, durant les dernières années qui ont précédé l'apparition du Phylloxera, nous avions vu prendre à la culture de la vigne une extension plus prodigieuse encore, et l'on peut dire que la presque totalité de nos bois a été ainsi défrichée dans moins d'un demi-siècle, pour être transformée en vignobles à souche ou à basse tige.

Ce sont là des faits dont on n'a pas assez étudié les conséquences.

Il est de principe incontestable en météorologie que les forêts accroissent la quantité des eaux pluviales, diminuent l'évaporation du sol, et régularisent la température. La disparition de nos bois dans des proportions certainement appréciables, a donc dû rendre naturellement nos étés et nos hivers plus variables, et produire des alternatives de chaleur et de froid plus intenses ; les pluies sont devenues plus irrégulières, et des perturbations sérieuses ont insensiblement altéré notre climat dans des conditions qui sont favorables à la propagation du Phylloxera aptère, et qui se sont jointes peut-être à une extension exagérée de la culture de la vigne, pour aggraver les vices de notre méthode à souches.

Nous savons, en effet, par les expériences de Kiber, dont nous avons parlé plus haut, qu'une température chaude favorise merveilleusement la parthénogénésie et active la multiplication des femelles aptères du Phylloxera. Le Phylloxera a donc trouvé d'abord un auxiliaire puissant dans l'intensité et la persistance des chaleurs survenues ces dernières années à la suite de longues sécheresses ; de plus, notre mode de culture à basse tige a secondé la funeste action des chaleurs, et doit être signalé comme un auxiliaire non moins puissant de la parthénogénésie, si celle-ci n'en est point le vrai corollaire.

Les organes aériens sont les excitateurs des organes souterrains ; le développement de ceux-ci est en raison du développement des premiers ; il y a une corrélation intime entre les uns et les autres ; et suivant qu'on laisse à la vigne des rameaux puissants ou qu'on l'en dépouille, elle a des racines puissantes ou des racines étiolées, menues et maladives ; d'où, à première vue, on peut conclure que la méthode à basse tige ou taille courte adoptée généralement dans le midi de la France, est nuisible au système radiculaire, et favorable, par contre-coup, au Phylloxera.

Les ravages organiques occasionnés sur la vigne par la taille courte sont parfaitement décrits et démontrés dans un ouvrage qui jouit d'une incontestable autorité, et que M. A. Carrière, rédacteur de la *Revue horticole* de Paris, a publié bien avant l'apparition de la maladie du Phylloxera, par conséquent sans parti-pris et en dehors de tous systèmes préconçus sur son origine (1).

(1) *La Vigne.*

Par la taille courte, nous soumettons la vigne à des mutilations annuelles qui privent les racines de leurs excitateurs naturels, en arrêtent le développement, provoquent des réactions violentes, endurcissent et atrophient la partie aérienne, refoulent la séve et l'emmagasinent dans les racines où elle se dénature, affaiblissent enfin et amènent à la longue la décomposition générale du système radiculaire.

Il faut lire les savantes considérations que l'auteur produit à l'appui de sa thèse, et qui rectifient les préjugés dont on s'autorise pour mettre en honneur parmi nous la culture à souche. Je regrette que le cadre trop étroit de cet opuscule ne me permette pas de les reproduire intégralement ; j'en citerai cependant quelques extraits, qui suffiront, je pense, pour convaincre le viticulteur des vices mortels de cette méthode. En appelant une comparaison dans son esprit entre les effets de la taille courte et les effets de la maladie caractérisée par le Phylloxera, les lignes suivantes lui expliqueront la fatale prédisposition de nos vignes à l'épidémie phylloxérique et la rapide extension que le fléau a prise en France.

« La vigne à l'état de nature, dit M. Carrière, vit en quelque sorte indéfiniment, tout en produisant chaque année des quantités considérables de raisins. Nous pouvons nous assurer que, plantée dans des conditions identiques de sol et de climat, mais cultivée en souche et soumise à la taille courte, elle ne durera que peu de temps, quarante ans en moyenne. D'où nous pouvons conclure que nous abrégeons la durée de la vigne, en empêchant cette plante d'accomplir toutes ses phases de développements et en contrariant constamment la marche de la séve. Du reste, ce fait s'explique facilement, et loin d'être une exception, il est la règle.

« Tous les végétaux, en effet, montrent des faits analogues à ceux que nous venons d'indiquer, et dont la vigne nous fournit des exemples ; et si comme moyen de comparaison on prenait des végétaux très-vigoureux et qu'on les soumit à des traitements semblables à ceux auxquels l'on soumet la vigne, on verrait que les résultats seraient à peu près les mêmes, et que leur vie serait diminuée de beaucoup.... » Il n'y a dans tout ceci aucune exagération....

« Lorsque la tige est supprimée, la séve destinée à l'alimentation de ses rameaux s'accumule dans les racines, entre en fermentation, et en détermine tôt ou tard la désorganisation. »

« Il ne faut jamais oublier que, dans tout végétal, les deux systèmes aériens et souterrains, quoique très-différents par leur caractère physique et organique, de même que par leurs fonctions, sont néanmoins liés étroitement l'un à l'autre : lorsqu'il y a affaiblissement de l'un, l'autre s'en ressent toujours plus ou moins. Donc, lorsqu'on mutile continuellement la vigne dans sa partie externe, l'affaiblisement aérien qui se produit détermine l'affaiblissement souterrain.... »

« Dans la taille à long bois, les sarments destinés à la reproduction des raisins sont conservés plus longs. Ce mode de taille, qui peut s'appliquer à toutes les formes possibles, convient aussi à presque toutes les variétés de vignes : il est surtout très-bon, ou plutôt *c'est le seul bon*,... »

« Cet état de lignification est en raison directe du traitement que l'on fait subir aux vignes ; ainsi, toutes circonstances égales d'ailleurs, il est produit d'autant plus vite que l'on tourmente davantage les vignes et qu'on met plus d'entraves à leur végétation. De là encore l'explication de l'épuisement prématuré de la plupart des vignes cultivées à basse tige.... »

Il dit ailleurs, en parlant des troubles violents que provoque la taille courte par l'obstruction des canaux radiculaires et l'altération de la séve laissée sans destination et sans issue : « Il est donc avéré, incontestable, que la culture à basse tige est fatale à la vigne.... »

L'auteur, en se résumant, conclut ainsi : « Des divers paragraphes contenus dans ce chapitre, il résulte : 1° que la vigne est une plante à végétation vagabonde qui a besoin de prendre beaucoup d'extension ; 2° que c'est en la mutilant continuellement comme on le fait pour la maintenir dans des limites trop étroites, en disproportion avec sa force expansive, qu'on l'affaiblit, et qu'alors sa vie est considérablement abrégée. Si l'on veut prolonger cette vie, il faut laisser la vigne produire plus de fruits, et surtout plus de parties foliacées (feuilles et bourgeons) ; et à ce propos, nous rappelons, à titre d'axiome, ce que nous avons dit

plus haut, à savoir : « La durée de la vigne, toutes circonstances
égales d'ailleurs, est en raison du développement qu'on lui laisse
prendre. Quoi qu'il en soit, il est bien entendu que l'extension
externe, c'est-à-dire celles des branches, doit être en rapport
avec l'extension interne, celle des racines. En général, il vaut
mieux planter un petit nombre de ceps et donner à ceux-ci
plus d'étendue. »

C'est encore ce que reconnaît M. Pellicot (*Vigneron proven-
çal*). « Avouons pourtant que trop de suppression, soit un refoulement répété de la séve, ne peut que nuire à la vigne et
à son fruit, en abrégeant en outre son existence.... »

« Ce n'est pas en augmentant le nombre des plants qu'on obtient plus de produits. Une vigne qui peut étendre ses racines
sans être gênée dans leur développement, devient plus fertile
que celle qui est gênée et affamée par des voisines trop rapprochées. Les treilles au besoin en donneraient la preuve, et tous
les cultivateurs savent fort bien que la souche dont la voisine
manque, est plus fertile que celles qui ne sont point dans les
mêmes conditions. »

C'est donc incontestable, notre méthode à souche est pernicieuse ; elle trouble l'économie physiologique de la vigne et en
amène la caducité prématurée. En taillant court, nous paralysons en quelque sorte la partie extérieure de la vigne. Par nos
mutilations annuelles, nous multiplions sur les bras de la souche
des coudes et des nodosités qui tourmentent la séve et s'opposent
à sa libre expansion. Nous affaiblissons l'appareil souterrain et
nous en précipitons encore la décomposition, soit en privant la
plante des organes essentiels à sa respiration, soit en gorgeant
ses racines, déjà débiles, d'un trop plein de séve qui les étouffe,
les condamne à une funeste inaction, et nécessite la trompe libératrice de l'insecte. De plus, alors que des pluies fréquentes ne
viennent pas, comme autrefois, rafraîchir le sol et l'atmosphère,
et que les chaleurs sont déjà excessives, nous augmentons cette
chaleur en couvrant le sol d'un fouillis de feuillage impénétrable à la fraîcheur des nuits, et qui, durant le jour, redouble
l'ardeur du soleil en le réverbérant (1).

(1) « Il n'est pas douteux que la chaleur ne doive s'accroître considérable-

Quelle ignorance est la nôtre! Le traitement que nous fai-
sons subir aux vignes ne semble-t-il pas être pratiqué en vue
du Phylloxera? En redoublant la chaleur du sol, qui déjà s'é-
lève en été à 45 degrés, en plaçant, pour ainsi dire, sous ces
fouillis, l'insecte en serre chaude, comme Kiber pour ses expériences, en rapprochant la larve du sol pour lui en faciliter l'accès, et en accumulant dans les racines, pour lui et pour sa progéniture féconde, une succulente et abondante nourriture, ne culti-
vons-nous par nous-mêmes le Phylloxera? N'est-il pas véritable-
ment le fruit de nos œuvres? A-t-il bien tort de tenir école
chez nous? Sommes-nous en droit de nous plaindre s'il ne
nous ménage pas la férule, et s'il fait porter à plus d'une illus-
tre tête les insignes du roi Midas?

IV

De ces premières observations il ressort jusqu'à l'évidence
que le mode de culture à basse tige contribue à la rapide extension du Phylloxera, et qu'avant tout traitement curatif, il faut
nécessairement l'abandonner et élever le cep à haute tige, en
treille ou en palissade, forme heureusement employée jusqu'ici
dans toutes les contrées du Midi de l'Europe, notamment en
Italie, mère-patrie des arts et de la civilisation.

Les avantages qui résulteront pour la vigne de la culture en
hautain sont connus : elle aura plus d'air et de lumière ; elle
sera moins suffoquée par la réverbération solaire, résistera
mieux par conséquent à la sécheresse et perdra moins par l'évaporation ; la fructification en sera plus abondante et de meil-
leure qualité, si cette abondance est contenue ; ses vins, moins

ment par les feuilles des végétaux disposés par plants innombrables dans
les herbes et dans les arbres. J'ai observé, en effet, que lorsque notre
hémisphère se couvre de ses réverbères végétaux, au mois d'avril, l'accroissement de la chaleur est beaucoup plus rapide que dans les mois qui le
précèdent et dans ceux qui le suivent. Il le doit à un nombre infini de
feuilles réverbérantes qui sortent toutes de leurs bourgeons et qui réflé-
chissent les rayons du soleil par leurs plants. Nous avons remarqué dans
nos études que les arbres du Nord, tels que les sapins, avaient leurs tiges
pyramidales et leurs feuilles vernissées pour augmenter cette réverbération.»
Bernardin de St-Pierre. *Harmonies de la nature.*

2

alcooliques et moins capiteux, seront d'une consommation plus agréable ; la séve montera sans obstacle, et sa libre circulation, en constituant la santé de la vigne, en favorisera la longévité, comme la libre circulation du sang constitue la santé et la longévité du corps chez les animaux. Pour connaître la manière d'élever un végétal, il faut d'abord étudier sa manière de végéter ; c'est là un principe arboricole invariable. En l'appliquant à la vigne, la flexibilité de sa tige, la souplesse de ses pampres sarmenteux, la multitude de ses vrilles, les jets vagabonds qu'elle développe, tout n'annonce-t-il pas chez elle le besoin d'air et d'espace et la nécessité d'un appui ? La vigne est essentiellement pupille, et c'est en quelque sorte la sacrifier que de la laisser sans tuteur. C'est la dénaturer que d'imposer, par des mutilations barbares, une forme basse et stationnaire à un végétal souverainement élancé et coureur.

Plus on offre de canaux à la séve, plus on imprime de force d'expansion à cette même séve, et plus, par conséquent, l'arbuste tend à prendre de développement. Il existe donc, comme je l'ai dit, une corrélation nécessaire entre les organes souterrains et les organes aériens ; plus ces derniers auront obtenu d'extension et de force, plus les premiers se fortifieront et se développeront à leur tour. Par l'éducation à haute tige, la vigne donc acquerra des racines d'une puissante dimension, qui résisteront aux attaques du Phylloxera, en échappant à ses incisions annulaires, et qui, à raison même de leur activité et de leur volume, dispenseront le viticulteur de labours minutieux, ou pourront même prospérer dans un sol durci et livré à lui-même (1).

Voilà pour la vigne, et voici pour le Phylloxera :

D'abord, par cette même culture, nous espaçons et nous aérons les vignes, tout en laissant au sol l'ombre des pampres ;

(1) « J'avais un voisin, dit M. Pellicot, qui laissait fort mal cultiver ses vignes ; il ne paraissait dans ses champs que pour les vendanges ; il avait relativement peu de vin, mais son vin était toujours de bonne qualité et se conservait surtout très-bien, quoiqu'il ne prît jamais la peine d'ouiller ses tonneaux. Je connaissais, ajoute-t-il, un négociant en vins très au courant de son état, qui m'avouait que quand il allait acheter ses vins, il préférait ceux des propriétés où la culture était négligée. »

(Le Vigneron Provençal.)

nous arrachons l'insecte à sa serre chaude, et ce n'est pas peu dire pour qui n'a pas oublié les expériences de Kiber, et qui, jugeant des causes par les principes, aura observé qu'à l'origine, le foyer du mal se déclare presque toujours comme une tache d'huile au centre des vignes, c'est-à-dire au point qui, étant moins aéré et plus chaud, a offert par cela même à la larve du Phylloxera des conditions de fécondité si favorables qu'elle y a pris un développement plus rapide et que son œuvre de destruction y est plus avancée, plus apparente qu'ailleurs.

Si la serre chaude favorise la parthénogénésie, le grand air et les variations de température doivent lui être contraires. Voilà un principe acquis. Mais pour mieux comprendre l'harmonie des lois créatrices et apprécier sous son véritable jour l'avantage de l'aération des vignobles, il faut observer que la parthénogénésie n'est pas moins le fléau du Phylloxera que de la vigne.

Cette effrayante fécondité de l'insecte n'est pas sa fin, c'est une perturbation dont il est la première victime. Sa fin, l'objet constant de son être entier, c'est la transformation, la sortie de dessous terre, la liberté des ailes en plein air et au soleil; voilà sa vie future à lui, qu'on nous permette ce symbolisme, voilà sa vocation naturelle. En combattant la parthénogénésie, nous abrégeons la série aptère dévastatrice et nous venons en aide au Phylloxera. Nous hâtons pour lui l'heure de la délivrance, nous lui facilitons ce douloureux passage de la vie souterraine à la vie aérienne, travail solidaire et opiniâtre dans lequel succombent misérablement, avant l'heure de la métamorphose, tant de milliers de mères intrépides. Nul doute donc que le pauvre insecte ne réponde à notre sollicitude, si, en philosophes et en sages, nous secondons les lois de sa formation au lieu de lui déclarer en barbares une guerre d'extermination !

Mais l'aération des vignobles n'est pas le seul avantage que nous offre la culture de la vigne à haute tige, au point de vue parthénogénésique.

La femelle ailée du Phylloxera, comme nous l'avons dit, pond ses œufs dans une légère incision pratiquée au moyen de sa tarière, et cet organe est si frêle qu'il ne peut pénétrer que le jeune bois de l'année. La ponte des œufs s'effectuera donc au haut des ceps, où se trouve le bois de l'année, et, à leur éclosion, les larves auront, par le fait de l'élévation des tiges, un plus grand déplacement à opérer pour s'introduire dans le sol. Il est probable qu'elles préféreront s'établir sur le feuillage, où elles n'en arriveront que plus tôt à l'état adulte. En supposant néanmoins que leur mauvais instinct les attire vers les racines, que les fatigues et les dangers de l'entreprise ne les découragent pas et qu'elles effectuent heureusement leur pérégrination, elles trouveront d'abord, au pied immobilisé par le tuteur, des issues plus difficiles ; et si le ceps est dégagé sous terre de toutes ses radicelles à 30 ou 40 centimètres de profondeur, comme nous l'indiquerons plus tard, il est presque certain que, ne pouvant atteindre jusqu'à l'appareil radiculaire, elles périront d'épuisement et d'inanition. Mais en supposant encore qu'elles triomphent de cette dernière difficulté, et qu'à force d'énergie et de persévérance, elles parviennent aux racines, celles-ci, privées de l'abondance de séve qui s'y accumulait dans la culture à basse tige, ne leur offriront plus qu'un bois dur et coriace et une nourriture appauvrie. Moins il y aura de séve, moins la larve aura de fécondité et d'exagération dans sa progéniture. La bonne chère est mère de l'exubérance, et l'austérité des mœurs, fille de la sobriété. Nos pauvres recluses, sous le régime d'une pénitence forcée, atteindront bientôt leur perfection finale, et, parcourant rapidement leur phase de formation, seront bien vite dotées de deux ailes diaphanes qui les emporteront loin de leur obscur berceau.

Sans nous arrêter à ces dernières considérations, qui pourraient être entachées pour certains esprits d'une allure trop poétique, mais qui n'en sont pas moins lumineuses, la série des observations précédentes suffit pour nous démontrer la nécessité de l'éducation à haute tige, et nous expliquer l'immunité des vignes en treille. Cette immunité est sans doute l'un des faits les plus importants que l'observation puisse relever, et l'un des plus incontestables. Quelques cas isolés d'atteinte phylloxérique, fort douteux d'ailleurs, ne prouvent rien contre un fait accablant, général, dont la démonstration brutale est sous nos yeux à toute heure du jour ; les treilles ne sont pas même malades dans les pays les plus dévastés par le Phylloxera ! Viticulteurs, regardez donc autour de vous, et concluez par ce mot de bon sens pratique : *Les vignes en treilles ne meurent pas : élevons donc les vignes en treilles.*

Il y aurait à faire entre l'oïdium et le phylloxera une étude comparative pleine d'intérêt. On trouverait peut-être qu'ayant chacune pour siége une section de la vigne dont les énergies sont diamétralement opposées, ces maladies leur empruntent des effets en opposition constante. Je ne relèverai que quelques faits qu'il entre dans mon sujet de mettre en relief.

Ainsi, il est certain que les cépages qui résistaient le plus à l'oïdium ont été les premiers atteints par le Phylloxera, et que, dans notre département, toutes les jeunes vignes plantées en vue de résister au premier fléau, — le nombre en était considérable, — furent dès son apparition détruites par le second avec une rapidité foudroyante. Ce fait a son importance, et, pour si grande que puisse être la part de l'insecte dans nos désastres viticoles, nous sommes obligés d'en faire une à la constitution organique de la plante et à ses dispositions physiologiques.

L'oïdium était aussi d'autant plus intense que la vigne avait plus d'élévation. La vigne en treille, par exemple, avait une prédisposition fatale à la maladie, tandis que le cep couché sur terre en était exempt. Aujourd'hui, c'est le contraire : la vigne à basse tige est frappée, et la vigne en treille jouit de l'exception. A quoi faut-il attribuer cette différence ?

M. Marès nous dit : « La température, en été, s'élève facilement à 45 degrés près du sol ; l'oïdium ne peut plus végéter, et meurt quand la chaleur arrive à ce degré. » Dans les conditions du ceps qui traine sur le sol, dit encore M. Pellicot, « la chaleur et la sécheresse se réunissent pour anéantir le cryptogame. Or, il est acquis à la science, par les expériences de M. Kiber, que la chaleur et la sécheresse activent la multiplication des générations aptères du Phylloxera ; la contradiction ne se dément donc pas jusqu'au bout, et cette même chaleur de 45 degrés près du sol, qui nous délivrait du premier fléau, nous afflige aujourd'hui du second.

Ma théorie, basée sur ces deux données scientifiques : prédisposition de la vigne au Phylloxera par l'affaiblissement des racines dû à une culture vicieuse, et développement de la parthénogénésie par la chaleur du sol et le défaut d'air, trouve une nouvelle consécration dans l'explication de ces étranges divergences. J'en conclus de plus fort à une révolution complète dans notre viticulture et à l'adoption du système à haute tige.

V

Viticulteurs, la vigne a besoin de beaucoup d'espace ; il lui faut le soleil et le grand air. D'autre part, l'air et l'espace sont nuisibles à la parthénogénésie : aérez donc vos vignobles ; espacez et taillez long !

La taille courte affaiblit les racines et en provoque la décomposition. Toute pourriture appelle l'insecte. La taille courte est donc doublement illogique en présence de l'épidémie phylloxérique. Espacez et taillez long !

La taille courte refoule la séve et l'accumule dans les racines. De l'abondance de la séve naît l'exubérante fécondité du Phylloxera. La taille à long bois, en offrant des canaux à l'expansion de la séve, en allége les racines, et réduit la multiplication du parasite. Espacez et taillez long !

Les labours livrent un facile accès au Phylloxera. Au lieu de ces moignons munis de quelques fibriles naines et maladives qui réclament à chaque instant vos soins et vos façons, donnez à vos vignes un appareil radiculaire vigoureux et puissant qui vous dispense de labours minutieux. Espacez et taillez long !

C'est dans la puissance de leurs racines que les vignes trouveront le secret de résister au Phylloxera, et c'est par le développement des organes aériens que vous obtiendrez le développement des organes souterrains. Pour obtenir de fortes racines résistant au Phylloxera, espacez et taillez long !

Les organes foliacés des plantes sont les organes essentiels de la respiration et de la transpiration végétale, et jouent un rôle excessivement important dans la vie végétative : laissez donc produire à la vigne plus de rameaux, plus de feuilles et plus de **fruits. Espacez et taillez long !**

Les vignes en treilles ne meurent pas : élevez donc vos vignes en treilles.

Voilà, certes, un langage qui est rationnel, que le bon sens approuve, que la science confirme. Cependant je ne me fais pas illusion : il est difficile d'arracher les hommes à l'empire de la routine ou des préjugés. Chose triste à dire ! il faut qu'on nous impose le bien. Quel que soit donc l'enseignement des faits, quelles que soient l'évidence du raisonnement et la double correction que le Phylloxera leur réserve à son école, je m'attends à une résistance opiniâtre de la part de certains esprits mal inspirés. La science a aussi ses Pharisiens et ses vendeurs du temple, et la vérité trouve en eux ses adversaires les plus rebelles. Il n'est pas de négations et de subterfuges qu'ils ne soient prêts à inventer plutôt que de se rendre à l'évidence et d'avouer que la solution du problème, si laborieusement cherché, pourrait être près d'eux sans l'avoir entrevue.

Ah ! ces négations, elles sont connues : l'un vous objecte que des vignes en treille sont mortes dans tel domaine et tel pays ; l'autre juge que la qualité du vin sera inférieure, détestable ; un autre se récrie contre les frais d'établissement et d'entretien des jougs ou des tonnelles ; un autre veut bien nous accorder qu'il est utile d'espacer les ceps, il accepterait l'éducation des vignes en hautain, mais déclare *a priori* que cette méthode est impraticable avec nos conditions climatologiques.

En vérité, toutes ces objections ne sont pas sérieuses, et ne peuvent balancer un instant les avantages qui militent en faveur du système dont j'ai pris la défense.

Quelques pieds de vigne en treille peuvent mourir de vétusté, et même mourir du Phylloxera, sans que le principe de l'immunité des vignes en treille soit le moins du monde infirmé. Sur des milliers de vignes, quelques cas de mort, extrêmement rares, ne sauraient enlever à un fait sa généralité. On peut expliquer ces accidents par l'état des racines déjà malades, par la nature des cépages, par le défaut d'aération et d'espace, (car il ne suffit pas de tailler long), par des labours peu intelligents, qui ont blessé ou réduit les racines, par toute autre cause enfin inconnue. L'exception, comme toujours, ne fait que confirmer la règle.

Si l'on veut être juste, cette immunité est bien plus avérée,
bien plus autorisée que l'immunité des cépages américains, basée
sur deux faits uniques et contestés, qu'on élève cependant à la
dignité d'une expérience concluante.

La conservation de quelques ceps à Roquemaure , chez
M. Borty, et à Bordeaux, chez M. Laliman, ne prouve rien,
puisque, d'après l'aveu de M. Planchon, une végétation vigou-
reuse n'a été constatée que *chez ceux* (les ceps) qui sont cultivés
à bois longs, comme il le faut, ajoute M. Planchon entre deux
parenthèses, *comme il le faut* pour les cépages américains (1).
Il n'est donc nullement démontré que ces plants, conduits à taille
courte et nourris dans un sol peu fertile, résisteront au Phylloxera. C'est le contraire, ce me semble, qui, jusqu'ici, est
avoué, puisqu'on déclare formellement que le Clinton a besoin
d'être taillé à long bois.

Qu'on me permette de le dire, cette déclaration est une nou-
veauté étrange. Jamais rien de semblable ne s'était dit avant
que nous eussions appris à l'école du Phylloxera toute l'importance de cette taille. Lisez les auteurs, parcourez-les attentive-
ment : vous y trouverez des dissertations savantes en faveur de
la taille à court bois ou à long bois ; mais ils partent tous d'un
même principe et n'en dévient pas. D'après eux, plus un cépage
est vigoureux, plus il peut supporter la taille longue. La vigueur
de la vigne est le seul critérium qu'on doive consulter. Jamais
la taille à long bois n'a été donnée comme une condition nécessaire de la vigueur des cépages. C'est là une révolution entre deux
parenthèses qui peut échapper à un public indifférent, mais qui
n'échappe pas à ceux auxquels l'innovation pourrait appartenir,
si elle était complète. M. Carrière lui-même, dont nous avons cité
les précieuses observations sur les vices de la taille à court bois,
et qui dit ailleurs, en parlant de la taille longue : « Ce mode de
taille peut s'appliquer à toutes les formes possibles ; il est surtout très-bon, ou plutôt c'est le seul bon, » écrit cependant, sous
l'inspiration évidente des auteurs qui l'ont précédé : « En général, presque toutes les variétés de vigne s'accommodent de la

(1) Article du *Messager du Midi,* reproduit dans un des prospectus de
la maison Douysset.

taille à long bois, lorsqu'on ne donne aux sarments que des
dimensions relatives en rapport avec leur vigueur et leur nature. » Voilà bien le principe ancien, le critérium reconnu : la
taille à long bois proportionnée à la vigueur des ceps, et non
la taille à long bois comme cause efficiente de cette vigueur.

Mais, qu'on ne s'y trompe pas, nos vieux maîtres, à leur point
de vue, raisonnent juste, et leur opinion est fondée, si, en élevant
la tige, on plante les ceps trop rapprochés, comme dans le système à souche, et si on ne laisse pas à la vigne une charpente
radiculaire proportionnée au développement de la charpente
aérienne. L'équilibre végétal est alors rompu, l'harmonie trou-
blée, et il faut des cépages très-vigoureux pour résister à cet état
contre nature, c'est-à-dire pour supporter la taille à long bois.
C'est ce qui nous explique l'apparition du Phylloxera dans certains vignobles élevés à long bois, mais plantés à courtes dis-
tances, et conduits par conséquent dans des conditions plus défa-
vorables encore que nos vignes à souches. Les indications du
savant professeur sont donc incomplètes : il aurait dû s'en tenir à l'axiome des vieux maîtres, ou ajouter à la nécessité de
la taille longue cette autre nécessité d'espacer proportionnel-
lement les ceps. Il est vrai qu'il eût adopté alors la culture en
hautain, et que telle n'était pas son intention.

Quelle réponse ferons-nous maintenant à ceux qui se préva-
lent de l'infériorité des vins pour rejeter la culture en hautain ?
Croient-ils, par exemple, que ces vins doivent le céder à celui des
vignes soumises à la submersion quadragésimale et annuelle ? Je
sais que quelques auteurs ont admis que les raisins des vignes
à haute tige sont de beaucoup inférieurs aux raisins des vignes
à souches; mais c'est là un malentendu. Assurément des ceps
doués de racines saines et vigoureuses produiront toujours un
meilleur fruit que des vignes malades et débilitées. On sait que
les anciens cultivaient la vigne en hautain et qu'ils composaient
leur vin les plus fins et les plus délicats avec les raisins cueillis
au sommet des jougs ou des vignes arborées. Ce n'est pas la taille,
mais la trop abondante quantité qui peut nuire à la qualité, et
il est toujours facile de remédier à cet inconvénient en réduisant
l'abondance. C'est ainsi que dans plusieurs vignobles renommés,

les viticulteurs, jaloux de la qualité de leurs produits, suppriment souvent les grappes qui dépassent une moyenne déterminée d'après la force du sujet.

Quant aux frais d'établissement et d'entretien des jougs ou des tonnelles, on les exagère à plaisir. Il est certain que le viticulteur trouvera à se dédommager largement de ces frais par l'accroissement des récoltes et l'exemption des labours multipliés qu'exigent les vignes à souche.

Reste l'objection capitale : comment sauver les vignes du mistral ?

Je constate d'abord que la question prend ici un aspect nouveau. Ce n'est plus le Phylloxera que nous avons à combattre : l'ennemi change. Je m'empare de cet aveu. Par l'objection on tient implicitement le premier pour vaincu, si nous devenons maîtres du second.

Un vigneron expérimenté, à qui je proposais cette difficulté, me disait avec une assurance qui, pour ma part, a calmé tous mes scrupules : Si les Vignes disposées en treille résistent au Phylloxera, nous saurons bien les garantir du vent. Dans certains pays où le vent souffle avec autant de violence que chez nous, on cultive la vigne en hautain, et les récoltes y sont abondantes. Rien n'est plus facile que de préserver la vigne de ses ravages : il suffit d'attacher fortement avec des liens plus nombreux les ceps aux traverses des jougs et des tonnelles. Les tonnelles, d'ailleurs, s'abriteront entre elles, et les premières seulement auront à braver l'effort de la tempête. Il ne faut pas non plus se figurer que le vent conservera sa même violence, si cette forme est une fois généralement admise dans un pays de vignobles. Enfin, en supposant, à tout prendre, que le mistral nuise à la quantité, la vigne ne nous dédommagera-t-elle pas en qualité ?

Du reste, les vignes juguées ou arborées résistent mieux aux ravages des vents et leur offrent moins de prise que les vignes à basse tige. Vous comprendrez facilement qu'une vigne déployée et fixée avec art sur un appui solide, ou enlacée aux rameaux feuillus d'un arbre protecteur, a bien moins à souffrir, quoique plus élevée, qu'une vigne touffue, isolée et sans appui, dont les longs rameaux, battus et secoués en tous sens, s'entrechoquent, se meurtrissent entre eux et traînent sur le sol.

Bien plus, ajoutait-il, si les cépages américains sont appelés à remplacer nos cépages indigènes, on sera tenu d'espacer convenablement les ceps pour proportionner le développement des racines à celui des rameaux, qui *doivent être taillés à long bois*. Dès lors, je ne vois pas d'autres cultures possibles que la culture en hautain.

Ces dernières affirmations me rappelèrent une assertion de M. Charles Dézobry. Le savant auteur de *Rome au siècle d'Auguste*, après nous avoir rapporté qu'actuellement, aux environs de Naples, les vignes ont ordinairement de 12 à 15 pieds de haut, ajoute ces paroles : « L'expérience a démontré dans cette contrée que l'air et les vents de mer sont contraires aux raisins qu'on voudrait faire venir sur des ceps tenus plus bas, comme on le pratique ailleurs dans la péninsule (1). »

Il résulterait de ce fait, démontré par l'expérience, que mon vigneron, avec son gros bon sens pratique, parlait d'or. Les viticulteurs apprécieront, je n'en doute pas, la valeur de ses indications. Quant à moi, plus ami des champs qu'agronome, je me demande pourquoi la vigne serait moins heureuse que nos autres arbres à fruit, qui ont appris à braver le mistral. La nature met la défense à côté de l'agression; elle frappe d'une main et pare de l'autre. N'en doutons pas, les vignes en hautain s'acclimateront comme l'ont fait nos essences fruitières, et pour peu que nous leur venions en aide, elles puiseront en elles-mêmes l'art et la force de résister aux ouragans; elles y réussiront d'autant mieux qu'en leur laissant toute leur énergie, nous leur aurons laissé toutes leurs aptitudes, et je ne crains pas de le dire, toute leur intelligence végétale. C'est peu connaître les ressources ingénieuses de la nature que de douter sous ce rapport de l'avenir de nos vignobles.

J'ai fait bonne justice, ce me semble, des objections qu'on oppose à l'adoption de la culture de la vigne en hautain. Je pourrais clôturer ici mon travail et considérer ma tâche comme remplie, puisque j'ai justifié mon titre et tenu ma promesse, en indiquant une théorie rationnelle de culture en opposition avec la

(1) Tome IV, note 7.

parthénogénésie et en rapport avec les lois physiologiques de la vigne. Néanmoins, il me reste à exposer des considérations qui, pour être secondaires, n'en ont pas moins une grande importance au point de vue du Phylloxera, et sont comme le complément indispensable de la culture de la vigne en hautain. Je tiendrai donc la plume un moment encore, puisqu'il le faut, et je poursuivrai ma démonstration, si le lecteur ne se fatigue pas trop à me lire.

VI

Ce n'est pas seulement à une loi de météorologie et de physiologie viticole que nous avons à remonter pour trouver la cause de l'altération de nos vignobles,et le traitement qui doit leur rendre la vie et la fécondité.

Comme pour l'homme et pour les animaux, toute agglomération entre végétaux de même espèce est fatale à l'espèce. Le Créateur l'a ainsi voulu afin de maintenir un sage équilibre dans son œuvre, et pour que nulle espèce ne pût envahir la terre au détriment de l'autre ; il a voulu aussi établir entre les créatures une communauté de besoins et d'intérêts réciproques, communauté solidaire où chacun donne et reçoit, et où le travail de tous profite à la prospérité de chaque espèce : telle est la loi générale.

Les végétaux de même espèce se nuisent donc entre eux ; et lorsqu'une culture est devenue une spécialité par la trop grande extension qu'elle a prise ou l'agglomération qui en a été faite dans une contrée, il se déclare tôt ou tard chez la plante un malaise et un ralentissement de vitalité qui appellent les insectes parasites, s'ils ne les engendrent ; maladies diverses attestant toutes, jusqu'à l'évidence, l'inflexibilité de la loi que je viens d'énoncer.

C'est par une intelligente application de cette loi que M. Mangin, conservateur des forêts à Vesoul, a fourni dans la *Revue agricole et forestière de Provence* (20 avril 1871), à propos du Phylloxera, l'indication suivante : « En ce qui concerne les forêts, dit-il, on a remarqué que le mélange des essences, notamment les arbres à aiguilles avec les arbres feuillus, préviennent les ravages occasionnés par les insectes. »

Nous sommes donc ici encore conduits comme par la main même de la nature vers le mode de culture en hautain : cette méthode nous permet en effet de nous conformer aux indications précédentes en adoptant, de préférence aux jougs ou aux échalas, dans les terrains riches, des arbres vivants pour y palisser la vigne, ou en pratiquant, comme en Savoie et en Italie, des labours et des semailles dans les vignobles.

Ces mélanges donneront de bons résultats au point de vue du Phylloxera, et favoriseront même la prospérité de la vigne, si le sol est convenablement fumé, si un choix intelligent préside à la combinaison des essences et si les arbres y sont sagement distancés. La variété des substances du sol implique, quoi qu'on en dise, la variété des essences à sa surface ; et il est d'une économie rurale bien entendue d'utiliser par la variété des plants tous les éléments dont un terrain est constitué. Je n'hésite pas à poser en principe qu'une espèce profitera toujours du voisinage d'une autre, si elle lui est sympathique ; mais j'entends apporter à cette règle une limite et une exception comme à toute règle : pour savamment et harmonieusement combiné que soit le mélange des végétaux, si les végétaux sont entassés sur un point trop étroit, ils s'étoufferont évidemment entre eux au lieu de s'assister. De toute bonne chose l'abus est nuisible : en veut-on une preuve puisée dans le sujet?...Mais non, respectons l'enfance de notre art, et passons, en jetant sur le patriarche qui dort un manteau filial. Qu'il me suffise de dire que je connais plusieurs vignobles prospères entièrement préservés de l'invasion du Phylloxera par de simples semailles ou des cultures fourragères pratiquées dans l'intervalle des souches, et que ces faits, en empruntant une signification scientifique aux prévisions de M. Mangin, leur prêtent, à leur tour, l'appui d'une démonstration.

Du reste, les considérations que je développe dans ce mémoire ne datent point d'aujourd'hui, et n'avaient pas, j'en suis persuadé, échappé à l'esprit observateur des anciens, qui, plus près de Dieu, étaient aussi plus près de la nature et de la vérité. L'expérience des siècles les plus reculés consacre la valeur de la mé-

thode que je préconise. L'Assyrie et l'Égypte, sous leur plus vieilles dynasties ; la Judée, la Phénicie, la Grèce, la sage Italie et
la Gaule, adoptèrent tour à tour, pour la vigne, la culture en
hautain, de préférence à celle à basse tige qu'ils ont condamnée.
Il n'est pas jusqu'aux avantages de l'association des végétaux
qu'ils n'aient appréciés ; et Pline, auteur en renom, dont le
témoignage résume ici la question, dit, en parlant du palissage
de la vigne sur les arbres : « J'ai entendu des cultivateurs
blâmer cette méthode, et d'autres, au contraire, les plus habiles
et les plus expérimentés, la louer extrêmement. »

Quand on pense, en effet, que les anciens, dans leurs actes,
s'inspiraient toujours d'une haute raison, et qu'ils ne laissaient
rien au hasard et à la routine, on ne peut se défendre d'attribuer leur préférence constante pour la vigne arborée aux causes que nous venons d'exposer.

A de longs siècles de distance, nous retrouvons dans ces pays
classiques de la vigne, les mêmes usages et les mêmes traditions. Chardin raconte que, lorsqu'il visitait le Caucase, en 1672,
il vit les vignes croître après les arbres, et s'élever si haut qu'il
est parfois impossible d'aller en cueillir les fruits. Ce même
voyageur dit qu'il en est encore ainsi dans la Georgie et dans
l'Hyrcanie orientale, et qu'elle croît sur les arbres de haute fu-
taie : « *Que néanmoins le vin y est excellent, qu'on fait avec
le meilleur vin qui s'y boive.* » Le chevalier Gambe, qui, 150
ans plus tard, traversait ces mêmes contrées, trouva les vignes
à peu près dans le même état où les avait vues Chardin (1).

Le Phylloxera, en nous rappelant à l'étude des lois de la nature, nous a donc enseigné l'art véritable d'élever la tige de la
vigne, et nous a ramenés aux principes traditionnels. Il lui reste
à nous initier à l'éducation des racines.

VII

Comme la vie de l'homme, la vie des végétaux est à partie
double : elle est terrestre dans ses organes inférieurs, et aé-

(1) *La Vigne.* A. Carrière.

rienne dans ses organes supérieurs. Par leurs racines, les végétaux absorbent les substances organiques et minérales du sol ;
par la tige, ils s'emparent des gaz atmosphériques et s'abreuvent
de lumière. Autant la tige aime l'air et le grand jour, autant la
racine aime l'ombre et l'obscurité ; autant la première est amie
du soleil et aspire vers lui, autant l'autre le redoute et le fuit.

Or, tenons-nous assez compte de cette loi dans la pratique ?
Depuis bien des années, nous plantons superficiellement la vigne, et nous descendons à peine la bouture à 25 ou 30 centimètres dans le sol, quand les anciens la descendaient à 80 centimètres. Il est vrai que quelques auteurs plus précautionnés donnent comme termes extrêmes entre lesquels le viticulteur doit choi-
sir suivant la nature du sol, une profondeur de 30 à 60 centimèt.,
c'est-à-dire, en moyenne, de 45 centimètres. Mais cette indication
même est-elle irréprochable ? La plantation superficielle peut
avoir ses avantages ; seulement elle présente, chez nous, de graves inconvénients, et ne se trouve nullement en rapport avec
nos conditions climatologiques.

Si les pluies étaient fréquentes, les chaleurs et le froid moins
intenses, les insectes moins multipliés, on pourrait rappro-
cher les racines de la superficie du sol ; mais aujourd'hui,
avec les accidents de température anormale que nous subissons
et les insectes de toute espèce qui labourent le sol, les vignes
ainsi assises sont exposées aux ravages des insectes, et ont à
souffrir tour à tour de la sécheresse, de la chaleur et du froid.
L'expérience condamne donc cette méthode, et, quoi qu'on en dise,
les faits dominent les théories : il faut désormais, pour protéger
les racines contre le Phylloxera ou contre d'autres parasites,
et pour les préserver en même temps de ces trois ennemis
complices du Phylloxera, la chaleur, le froid et la sécheresse, ap-
profondir l'appareil radiculaire, et revenir à une opération pratiquée par les anciens dans la culture en hautain, sous le nom de
déchaussement.

Voici, d'après Columel, auteur latin très-accrédité, quelle était
l'opération :

« Une autre opération qui précède encore la taille et se pratique après les ides d'octobre (15 octobre), avant les froids, c'est

le déchaussement : il consiste à découvrir les ceps jusqu'à un pied et demi (44 centimètres) pour le dégager de toutes les racines poussées dans cet espace ; si on les laissait subsister et se fortifier,elles affaibliraient celles du bas, et de plus,par leur position à fleur de terre, se trouveraient elles-mêmes exposées à être dévastées, tantôt par le froid, tantôt par la chaleur, ajoutons par les insectes.

» Le déchaussement est pratiqué tous les automnes pendant les cinq premières années ; une fois que la vigne a pris sa force ; on ne la déchausse plus que tous les trois ans. » (1).

En présence du Phylloxera, cette opération a, suivant nous, une place importante à prendre dans la viticulture, et doit ouvrir la voie à des applications heureuses. Les maîtres de la science viticole ne se sont pas occupés de l'éducation de la charpente radiculaire par la taille : ont-ils pensé que les racines n'étaient pas susceptibles d'être conduites comme les rameaux, ou jugé que cette éducation n'était d'aucun intérêt pour la vigne ?

Il est évident cependant que si, par une taille intelligente et modérée, nous pouvons perfectionner l'établissement de la charpente aérienne, nous pouvons aussi perfectionner l'établissement de la charpente souterraine.Qui dit perfectionner dit améliorer, et le profit que le viticulteur peut tirer de l'usage de cette opération ressort de cette seule expression. Ce n'est pas chose à dédaigner, en effet, que de pouvoir constituer, au point voulu et suivant les règles de l'art, un système radiculaire puissant, muni de fortes artères nourricières, alors que notre salut repose tout entier dans la puissance des racines ; d'harmoniser, à son gré, l'appareil souterrain avec la section aérienne ; d'en arrêter ou hâter le développement suivant les besoins de la fructification, de disposer enfin les racines suivant un plan arrêté, et dans les milieux les plus favorables indiqués par le climat et la nature du sol.

Il est facile de se rendre compte des avantages et de la nécessité d'une plantation profonde, mais il n'est pas aussi facile qu'il

(1) Columel IV, 9.

le semble tout d'abord d'atteindre ce résultat ; car les racines supérieures, plus exposées à l'action de la lumière et à l'action atmosphérique, tendent avec plus d'énergie vers l'obscurité et la fraîcheur, se développent toujours les premières au détriment des racines inférieures, et prennent sur ces dernières un accroissement disproportionné. Il ne suffit donc pas d'indiquer, comme le fait M. Marès, la profondeur à laquelle on doit planter, il faut indiquer le moyen de constituer, à la profondeur voulue, la charpente radiculaire. Sans la pratique du déchaussement, nos indications seront infructueuses comme nos soins et nos efforts. Pour asseoir l'étage radiculaire à une certaine profondeur, il faut nécessairement élaguer le pivot des étages supérieurs ; c'est par cette pratique seule que nous pourrons nous rendre maîtres d'une plantation, et produire les collets des racines où nous le voudrons, suivant le besoin des cépages ou des semailles que nous nous proposons de pratiquer dans nos vignobles.

La vigne ne craint pas d'ailleurs d'être enfouie profondément (1), et l'on a fort exagéré, suivant nous, le bénéfice de l'aérage du sol pour les racines, sans considérer les inconvénients d'une plantation superficielle, inconvénients que le Phylloxera a pris à tâche de nous démontrer par de sévères arguments. La vigne vit beaucoup aux dépens de l'air, et de là vient qu'elle prospère dans les sols les plus ingrats. C'est surtout par son large et abondant feuillage qu'elle s'assimile et élabore les éléments qui concourent à sa nutrition et à sa fructification ; aussi n'est-il pas rare de voir, comme le fait observer M. A. Carrière, « des vignes plantées soit le long des murs, dans des cours pavées, et même bitumées, soit le long des murs de maison bâties près des voies publiques pavées ou dallées, qui sont néanmoins excessivement vieilles et vigoureuses, quoiqu'elles rapportent des quantités considérables de raisins ; et c'est même

(1) Les auteurs qui se sont occupés de cette question font observer qu'une plantation superficielle favorise la fructification, et qu'une plantation profonde accélère au contraire la végétation des rameaux et nuit à l'abondance des fruits ; il en résulterait que, dans la culture en hautain, où cette abondance est à redouter pour la qualité, il serait nécessaire de planter profondément, alors même que nous n'aurions pas à craindre l'invasion des insectes et l'intempérie des saisons,

3

dans ces conditions que l'on rencontre presque toujours les vignes les plus vieilles et les plus vigoureuses. »

Les bons résultats qu'ont donnés le tassement et le buttage militent encore en faveur du déchaussement, qui en présente tous les avantages sans en entraîner les inconvénients.

L'efficacité de cette opération est telle, en effet, que, répétée annuellement, après les vendanges, elle me paraîtrait suffisante, à elle seule, pour garantir nos vignobles de la nouvelle maladie ; je n'hésiterais même pas à l'indiquer comme le meilleur des procédés préventifs à mettre en œuvre contre le Phylloxera ; je le conseillerais uniquement aux viticulteurs, si je n'étais convaincu que, comme tout effet, cette maladie est le résultat de plusieurs causes combinées entre elles, et que le système à taille courte, mortel à la vigne, entre pour une large part dans la rapide propagation du fléau. La méthode à haute tige est la seule que la science puisse conseiller ; toutefois, je terminerai en disant au vigneron qui persisterait à suivre la méthode actuelle : Vous devez recourir au déchaussement et laisser plus d'espace aux ceps. C'est d'autant plus indispensable pour vous que vous donnez à la vigne une culture irrationnelle, et qu'un exécuteur des hautes œuvres de la nature vous observe.

A ceux qui penseraient que l'opération du déchaussement nuit à la vigne, nous citerons l'opinion d'un viticulteur judicieux du centre de la France et éminent praticien, M. Blanc de Jolisée: « Les vignes les plus productives, dit-il, et offrant en outre la végétation la plus luxuriante, sont celles qui ont reçu au printemps les plus énergiques labours,(le premier seulement; les suivants doivent être donnés légèrement)».Il ajoute : « Or,ce premier labour énergique détruit toutes les racines superficielles ; il y a plus, les vignes où sont conservées les petites racines venues près de la surface du sol, durent moins que les autres. Voilà le fait pratique, peu importe la théorie.Dans le Beaujolais, qui, dans beaucoup de cas, peut être cité comme un modèle, le cultivateur a l'habitude de déchausser le cep au premier labour; en détruisant ainsi les racines superficielles, on rechausse au deuxième labour, et le Beaujolais récolte sur le pied de cent hectolitres à l'hectare (1). »

Enfin, pour compléter cette partie théorique de l'éducation des racines, au point de vue de la vigne arborée, ajoutons à ce qui précède que, puisque la vie nouvelle à laquelle nous appelons la vigne, exige d'elle des dispositions sociales que le cépage lambrusque possède par excellence, il ne sera pas sans utilité, pour généraliser la défense et pour en multiplier les ressources, de renouveler la vigne par les semis et d'adopter le greffage sur lambrusque et vigne vierge.

VIII

Il nous paraît utile de fournir quelques développements à la partie pratique des opérations dont nous venons d'étudier l'importance en théorie.

Il en est des systèmes comme des modes : on doit éviter de les exagérer, et il faut, avant de les appliquer, consulter en quelque sorte la physionomie et le génie des choses. Tout est absolu dans les spéculations intellectuelles d'une théorie, rien ne l'est dans son application, et ceci est surtout vrai en viticulture ; les principes les plus rigides doivent se modifier pour se plier et se subordonner aux conditions climatologiques, à la faculté des terrains, à leur nature, à leur exposition, et aux exigences multiples de la culture. Pas de règles inflexibles, rien de machinal ; à chaque domaine ses traditions rurales, et pour ainsi dire son mode spécial d'exploitation. Tout viticulteur a donc sa part d'observations et d'expériences propres à apporter à ce travail ; une fois renseigné sur les causes de la maladie et sur les procédés à employer pour les combattre, il doit en faire l'application dans la mesure de ses connaissances et suivant l'inspiration d'une vieille pratique.

C'est dire que je n'ai pas la prétention de tracer ici des règles ; je veux seulement ajouter à ma théorie, comme en forme d'exemples, quelques renseignements relatifs à son application,

(1) *Revue d'économie rurale.* 4 mai 1868.

afin que le vigneron puisse se composer lui-même plus facilement
une conduite pratique en rapport avec les milieux dans lesquels
son exploitation agricole se développe.

La question se présente à nous sous trois aspects : la vigne
est saine, malade ou morte. Comment la préserver de la maladie? comment la guérir, si elle est atteinte? comment la renouveler, si elle n'est plus? et comment appliquer dans ces trois cas
la culture de la vigne en hautain?

La médication n'a évidemment en elle-même qu'une importance secondaire ; il s'agit de conserver nos vignobles ou de les
reconstituer sur un pied vigoureux. C'est là le but; et il importe peu de l'atteindre au moyen d'un procédé curatif, ou pré-
ventif, ou simplement hygiénique ; il sera toujours préférable de
prévenir le mal que d'avoir à faire subir à nos vignes un traitement quelconque de guérison. Tel procédé curatif, souverainement efficace, serait à dédaigner, s'il n'était que curatif. Sans
cesse occupés a médicamenter nos vignobles, nous perdrions
notre temps et notre peine à un labeur à la fois ingrat et
stérile. Nous tombons donc dans un vice étrange de locution, qui
a des conséquences plus graves qu'on ne le pense, lorsque, pour
exprimer le secret de conserver nos vignobles ou de les reconstituer, nous nous servons de ce mot : *procédé de guérison*. En
retour, nous prêtons un sens étroit et judaïque à ce mot même,
lorsque nous nous enfermons dans sa signification rigoureuse et
exclusive. Non, il ne s'agit pas de détruire un insecte, mais de
procéder à la conservation et à la régénération de nos vignobles;
et peu importe le moyen, s'il est pratique, économique et ré-
munérateur.

D'autant mieux qu'il sera presque toujours plus facile et plus
avantageux de renouveler une vigne malade que d'en entre-
prendre la guérison. Car, en supposant à un antidote contre le
Phylloxera la vertu la plus énergique qu'on puisse désirer, il ne
réparera jamais les désordres organiques causés par l'insecte sur
les souches qui en éprouveront de longs malaises, et il ne rani-
mera pas les racines mortes ou à demi décomposées qui nuiront
tôt ou tard au développement des nouvelles.

Observons, en effet, qu'il y a plusieurs degrés dans la mala-

die des vignes, et que toutes les souches d'un même vignoble
sont loin d'être pareillement attaquées par le Phylloxera. Autant
de sujets, autant en quelque sorte dans la maladie d'états diffé-
rents. Le travail du parasite est plus ou moins avancé, le coup
porté est plus ou moins fatal ; telle partie des racines plus ou
moins essentielle est détériorée ; la plaie est au cœur, ou aux
extrémités, au tronc ou aux radicelles. La maladie, en effet, n'a
pas de siége fixe ni de diagnostic certain, et les vignes qui ont
la plus belle apparence sont souvent les plus gravement atteintes. Là, l'insecte a opéré des ravages tels que les incisions
annulaires pratiquées par ses piqûres rendent impossible la re-
prise et constituent une lésion mortelle ; à côté de ces souches,
les blessures de celles-ci ne sont pas incurables. Les organes
nécessaires à la vitalité ont été plus ou moins respectés, la vigne
peut reprendre, si elle est délivrée du Phylloxera. Appliquez sur
les premières souches votre antidote reconnu souverain, le Phylloxera périra, mais la vigne n'en mourra pas moins. On voit par
là le côté faible des expériences comparatives qu'a faites la Commission départementale de l'Hérault, au mas de Las Sorres, sur
un carré composé de vingt-cinq souches phylloxérées, à l'effet
d'apprécier la valeur des procédés soumis à son examen. La
Commission a tenté l'impossible, et n'a pas compris sa mission :
ce n'est pas comme curatif, mais comme préservatif, qu'elle aurait dû mettre ces procédés à l'épreuve. Si, appelée, par exemple,
à reconnaître l'efficacité du soufre contre l'oïdium, elle en eût
fait, d'après sa méthode, l'application sur un raisin couvert d'un
cryptogame déjà formé, le soufre eût été rejeté par elle comme
curatif inefficace (1).

(1) Il n'est pas facile de ramener à la vie et à la vigueur une plante
presque morte, et malheureusement il est quelquefois bien difficile, sans
pratiquer des sondages souterrains auxquels peu de propriétaires ont
recours, de préciser exactement la gravité du mal d'une souche atteinte
de la maladie du Phylloxera. Nous voyons tous les ans des exemples de
vignes qui, ayant végété pendant toute l'année d'une manière presque
normale, et ayant mûri leurs raisins, sont mortes dans le courant de l'hiver.
Si l'on avait observé les racines de ces vignes au mois de novembre, on
les aurait trouvées presque complétement désorganisées; la plante, dans ses
parties aériennes, ne se soutenait que par un reste de séve acquis dans les
derniers jours de sa végétation. Voici un fait, dont je puis garantir l'au-

Lorsqu'une vigne est malade et qu'on veut la conserver, je ne connais pas d'autres procédés de guérison, il ne peut pas en exister d'autres que celui-ci : arracher les souches après la chûte complète des feuilles ; examiner successivement la gravité du mal dans chacune d'elles; rejeter celles dont les plaies sont graves ou désespérées ; débarrasser le pivot des autres de toutes leurs racines ; approprier et rafraîchir les plaies avec un instrument tranchant ; tremper ensuite la souche pendant une minute dans un bain composé de deux grammes de sulfate de cuivre par litre d'eau; ravaler la tête, si la vigne est avancée en âge ou si le bois est atrophié, et replanter dans un terrain convenablement préparé en se conformant aux instructions qui suivent. Si la souche est encore à l'état adulte, on lui conservera la tête, en donnant cependant moins de longueur au courson, et l'on obtiendra une récolte la même année. En reconstituant les vignobles en hautain, les frais de cette opération ne doivent pas s'élever au delà de cinquante francs par hectare.

IX

J'ai donné, je le crois du moins, à la question de la médication des vignes malades sa véritable solution, mais je me sens pris d'un certain découragement en abordant celle de leur préservation.

On transforme à haute tige les vignes en souches, en établissant un espace de trois ou quatre mètres autour de chaque souche laissée debout, et en opérant le ravalement de celle-ci pour

thenticité, et qui prouve l'exactitude des observations précédentes. — M. Boissière de Bertrandy, propriétaire, à Tarascon, d'un beau vignoble, fait ramasser, au mois de décembre de l'année 1869, quatre mille sarments dans celle de ses vignes qu'il croit la plus saine ; ces sarments plantés ont une réussite des plus satisfaisantes; la vigne-mère qui les a fournis est trouvée morte lorsqu'on vient pour la tailler; son mal était incurable dès l'hiver 1869-1870. Si on l'eût inondée à cette époque, on ne l'aurait pas empêchée de mourir, et on n'aurait pas manqué de se servir de ce trait pour nier l'efficacité de la submersion, et même peut-être pour dire que le remède avait tué le malade.

Louis FAUCON.

(Bulletin de la Société d'Agriculture de Vaucluse. 15 juillet 1872.)

obtenir une tige droite et énergique. J'ai donc à exiger ici du viticulteur une foi en mes paroles qui doit se traduire par un sacrifice douloureux. Conseiller d'arracher les vignes malades et agonisantes, c'est dans l'ordre des lois ordinaires; mais ce qui ne l'est pas, c'est de venir dire au viticulteur : Vous avez là des vignobles dont vous admirez la beauté et dont on vous envie la fécondité ; voulez-vous prévenir les ravages du Phylloxera ? Armez-vous de la hache et de la pioche, abattez sans merci, décimez sans regret, espacez les ceps et aérez le sol. Ce langage est dur, pour salutaire qu'il puisse être; peu l'écouteront, peu le mettront en pratique. Tenir présentement vaut mieux que posséder plus tard. Plutôt que de se résoudre à de parcilles hécatombes et à partager avec le Phylloxera, on préfèrera tenter le sort et risquer de tout perdre pour tout conserver.

Et cependant, quel danger peut courir le viticulteur à réduire du tiers ou du quart le nombre de ses souches ? Celles qui resteront n'en seront que plus vigoureuses, et ses récoltes seront, pour le moins, aussi abondantes. Transformer un vignoble en hautain, ce n'est pas le moins du monde partager avec le Phylloxera. Dans tous les pays où la haute tige est adoptée, on ne le pense pas ainsi ; on a même la prétention de mieux faire que nous, et jusqu'ici, le terrible insecte leur a donné raison. Pourquoi ne pas essayer de faire comme eux, s'ils y trouvent leur profit? Vous aimez mieux tenter le sort; oui, lorsque les chances sont égales; mais aller à une catastrophe certaine, se laisser envahir par le fléau, ce n'est pas tenter le sort, c'est fermer volontairement les yeux à la lumière, c'est consommer sans espérance le plus aveugle des sacrifices.

Je le sais, je perds à convaincre le viticulteur et ma peine et mes arguments; il faudrait, pour qu'il se décidât, qu'il fût certain de sauver ses vignobles par le procédé que je lui indique, et il ne l'est pas; il attendra toujours que quelque voisin fasse l'expérience pour lui. Je ne m'en étonne pas, mais il me semble que les commissions d'agriculture, les conseils généraux et le gouvernement lui-même, pourraient prendre l'initiative et expérimenter la culture en hautain sur divers points d'un département, dans des terrains d'une nature différente et à des expositions variées.

L'expérimentation serait fort peu coûteuse, car elle pourrait
ne porter que sur quelques parties restreintes des vignobles dont
on aurait fait choix ; elle serait en même temps décisive et
concluante, si, envahis par le Phylloxera, ces vignobles perdaient
leur partie à basse tige et conservaient celle en hautain. Il ne
faut pas oublier que l'expérimentation doit être faite sur des
vignes reconnues parfaitement saines, et que malheureusement
il n'est plus loisible à tout particulier de faire un essai pareil.
D'ailleurs, pourquoi l'état s'en rapporterait-il exclusivement à
l'initiative privée, toujours portée à voir les choses au point de
vue de la spéculation et non de l'intérêt public ? pourquoi ne se
mettrait-il pas au premier rang des expérimentateurs dans une
question où ses intérêts sont en jeu, aussi bien que ceux des
particuliers ? On a appliqué des sommes importantes à des voya-
ges au long cours, à des explorations régionales, à des travaux
de commissions et à des rapports scientifiques dont nous respectons
les résultats, mais ne pourrait-on pas destiner quelques modi-
ques sommes à faire l'essai d'un mode de culture dont les espé-
rances de succès sont, non-seulement basées sur les données de
la science les plus exactes et les plus rigoureuses, mais encore
sur le fait de l'immunité des vignes en hautain et la pratique
de nos voisins, jusqu'ici dispensés de payer le moindre tribut au
Phylloxera ? Je le répète, cette initiative de la part de l'État
serait d'autant plus nécessaire que les particuliers sont, pour le
plus grand nombre, dans l'impossibilité de la prendre eux-mê-
mes, et que les résulats d'un essai par la plantation se feront
encore attendre de longues années. Il ne faut pas en douter, le
gouvernement, dont la sollicitude a été si vivement émue par les
ravages que le Phylloxera exerce dans nos contrées viticoles,
comprendra l'importance de cette mesure, et se hâtera de mettre la main à l'œuvre pendant qu'il en est temps encore.

X

Mais, ne nous flattons pas d'un vain espoir : le progrès, comme
le bien, ne chemine pas au milieu de nous par des sentiers droits
et unis. Nos viticulteurs négligeront les procédés de préserva-

tion que la nature a mis sous leurs yeux et s'épuiseront en recherches stériles pour en trouver de meilleurs ; nos administrations, tirraillées en sens contraire, hésiteront longtemps avant de prendre une salutaire résolution. Le fléau cependant poursuivra sa marche dévastatrice, et quand tout sera perdu, on songera alors seulement à la vigne à haute tige, restée seule debout et vivante, comme une protestation et un enseignement ! On aura recours à elle comme à un pouvoir réparateur, et on lui demandera avec instance la régénération de nos vignobles.

Nous supposons donc que tous nos vignobles sont morts, que les cépages américains, en vrais enfants d'un pays libre et d'un monde nouveau, n'ont pu se soumettre à la taille courte ni s'asservir à notre civilisation agricole ; que ces spéculateurs, qui sous de faux dehors de savoir, viennent toujours comme une seconde calamité sur une première, ont réalisé leurs bénéfices et se tiennent définitivement à l'écart ; que le vin des vignes submergées est déconsidéré sous le titre de *sirop de grenouille ;* que la science aux abois se reconnaît impuissante après des tâtonnements sans nombre, et que, pour reconstituer nos vignobles, nous sommes forcés de recourir à la culture en hautain. Plus de doute, plus d'illusion, il faut entrer dans cette dernière voie de salut, et voici quelques instructions pratiques.

Notre but, ne l'oublions pas, est d'obtenir d'abord un système radiculaire vigoureux et puissant pour combattre toute prédisposition au Phylloxera, de le préserver ensuite de l'attaque de l'insecte aptère, et enfin, d'aérer le sol et de le laisser exposé à l'influence des nuits et des fraîches matinées pour éviter les effets de la serre chaude.

Le viticulteur doit avoir recours à tout ce qui pourra lui venir en aide pour mieux atteindre ce but : ses premiers soins seront consacrés à préparer, par un profond défoncement et une fumure modérée, le terrain destiné à être converti en vignoble. Il emploiera pour cette fumure des engrais chimiques purs, ou mélangés avec du soufre ou de la suie, la trouille de ricin et autres ingrédients insecticides ou antiparthénogénésiques. Le fumier de ferme ou de bergerie, en échauffant le sol et en le tenant soulevé, pourrait favoriser la multiplication et la circulation de l'insecte, il n'est pas d'ailleurs employé sans danger pour les vins. Même observation à propos des substances à odeur forte, dont il faut, dans une bonne viticulture, se faire une loi d'user modérément ou pas du tout.

Il est certainement utile, pendant les trois ans de répit que nous laisse notre ennemi, de saturer le sol de substances à la fois nuisibles à son séjour et propices à la vigne, mais on ne doit pas s'exagérer la nécessité d'une pareille mesure. Pour rester pratique, il faut toujours la proportionner aux facultés rémunératrices des terrains et la considérer comme un simple accessoire ; l'important est de défoncer convenablement le sol et de lui donner des binages soutenus. Ces opérations doivent suffire à la prospérité du vignoble. On peut enfin se dispenser de l'emploi des insecticides en utilisant le sol avec des plantes fourragères, trèfle et surtout luzerne. Depuis que M. Faudrin a publié cette observation, ses prévisions n'ont pas encore été démenties par les faits, et j'ai pu constater moi-même les excellents résultats de ce procédé (1).

Nous n'avons pas à nous préoccuper du choix des cépages ; la méthode à haute tige étant conforme à la nature de la vigne, en favorise le développement, et toutes les essences s'en accommodent ; un choix ne peut être fait qu'en vue des dispositions climatologiques ou de la nature des terrains, et la question reste ce qu'elle était ; on s'en rapportera aux auteurs qui l'ont spécialement traitée, ou aux traditions locales, si elles sont bonnes.

Une fois fixé sur le choix des cépages, les boutures ou chevelées sont préparées dans les conditions normales et plantées à 0,65 centimètres environ de profondeur et à 4 mètres les unes des autres, en ligne séparée aussi d'un même intervalle ou d'un intervalle plus grand ; on peut les éloigner de dix mètres, et pratiquer alors entre les deux lignes, des plantations fruitières, des semailles ou des cultures fourragères. Posons en principe que plus on espacera, plus on permettra à la souche de développer de fortes racines, plus, par conséquent, on pourra demander de fructification aux ceps, et moins on aura de soins à lui donner.

(1) *Revue horticole*, année 1869.

Ce n'est pas seulement des mesures précédentes que nous devons attendre pour la vigne un système radicole puissant, nous pouvons encore, sans nous contredire, utiliser à cet effet la taille courte pendant les deux premières années de la plantation. Le Phylloxera nous le permet, car il sait que la direction des végétaux est une question d'équilibre; qu'il convient la première année de rapporter l'action de la sève sur l'appareil radiculaire, et qu'on ne peut constituer de fortes racines qu'en provoquant de forts rameaux. La taille à exécuter les deux premières années aura donc essentiellement ce but, car c'est à la troisième année seulement que les lois physiologiques de la vigne lui permettent de prendre l'élévation voulue, et lui donnent la force de constituer une charpente aérienne. Coïncidence singulière ! c'est aussi seulement à cette même époque que la maladie se déclare dans la vigne à basse tige et qu'apparaît le Phylloxera. Quel grand maître que ce petit insecte, et comme il précise bien sa leçon !

Pour procéder avec ordre, et grouper en un seul chapitre tout ce qui se rapporte à l'éducation des racines, rappelons l'opération capitale du déchaussement, comme complément indispensable des mesures à prendre contre le Phylloxera. On le sait, il faut déchausser le pied de chaque vigne à trente ou quarante centimètres de profondeur, et le débarrasser, sur cet espace, des étages supérieurs, afin de concentrer toute la force sur les étages inférieurs, et de protéger de la sorte celles-ci contre les sécheresses, la chaleur, le froid et les insectes.

Cette opération pourra se pratiquer dès la première année, elle devient nécessaire la seconde année, et doit se renouveler pendant les quatre années qui suivent, au mois de septembre, époque où la larve s'introduit dans le sol.

Le vigneron ne déchaussera plus alors que tous les trois ans, et devra toujours couper les racines à un doigt du tronc pour que l'eau ne s'introduise pas en hiver par la cicatrice trop rapprochée, et ne détériore pas le cep, en le pénétrant jusqu'à la moëlle.

Si le sable est à proximité on pourra combler les excavations avec un compost de sable et d'engrais chimiques. Tout me porte à croire que le sable agit contre le Phylloxera, non comme lit impénétrable, mais comme antiputride ou antiparthénogénésique : des cadavres enfouis dans le sable se sont conservés intacts durant des siècles ; il ne serait pas étonnant que son action fut la même dans une maladie où la décomposition des racines joue, en définitive, un grand role. Le sable aussi par la facilité qu'il a de s'échauffer à un haut degré et de se refroidir rapidement, pourrait nuire à la parthénogénésie, amie de la scrre chaude.

Quoi qu'il en soit, je l'ai dit : pour être pratique et sérieuse, une viticulture doit être bonne et rémunératrice : bonne en donnant des produits dignes de notre renommée viticole, et rémunératrice, en dédommageant le vigneron de ses avances et de ses labeurs. Je ne l'oublie pas, et si on se borne à la seule opération du déchaussement, sans compost de sable et d'engrais, on augmentera de fort peu dans notre système les frais de culture, car les pieds de vigne étant relativement peu nombreux, la main d'œuvre ne dépassera pas le coût d'un binage ordinaire, que le déchaussement remplacera toujours avec avantage.

En thèse générale, — et je termine par cette observation, — tous les procédés de guérison et de préservation dont un prix excessif interdit l'emploi pour les vignobles établis à souches, peuvent trouver leur application dans les vignobles conduits à hautes tiges ; la culture en hautain permet ainsi de mettre à profit toutes les découvertes de la science, et laisse en même temps à celle-ci plus de latitude pour ses recherches. En supposant donc que cette culture ne puisse nous délivrer par elle-même du Phylloxera, il faudrait encore la préférer néanmoins à notre culture actuelle, comme offrant de plus grandes facilités pour combattre l'insecte, et comme se prêtant mieux à une médication économique. « On ne saurait apporter une attention trop sérieuse, dit M. Faucon, aux prix de revient des divers systèmes de traitement curatif proposés contre le Phylloxera, *parce que c'est là réellement un des points capitaux de la question* (1) ; » à ce titre notre procédé se

(1) Juillet 1872. *Bulletin de la Société d'agriculture de Vaucluse.*

recommande de lui-même à tous les viticulteurs intelligents, et ne peut plus avoir contre lui que la routine et les préjugés qu'elle traîne à sa suite comme son ombre.

Il me resterait à fournir des indications sur la taille et la forme des vignes arborées ou juguées, mais une étude de cette importance sort des limites que je me suis tracées. Il n'est pas d'ailleurs de vigneron qui ne connaisse assez la manière d'élever la vigne en treille, en palissade ou en cordon horizontal, pour ne pouvoir se mettre à l'œuvre, et commencer à appliquer un mode de viticulture que le temps et l'expérience devront nécessairement améliorer.

D'une autre côté, M. Sahut nous a promis (1) de dépouiller les nombreuses notes qu'il a prises en parcourant l'Italie, et de publier des observations sur tout ce qui lui a paru intéressant pour notre viticulture. Nous ne saurions mieux faire que de nous en rapporter d'avance au travail d'un horticulteur aussi estimé, et nous pouvons, en l'attendant, compter sur cette perfection à laquelle nous ont habitués, de longue date, la science et le talent de M. Sahut.

Telles sont les considérations générales que j'ai cru devoir soumettre à mon malheureux pays, dans la ferme espérance qu'elles pourront contribuer à la conservation de l'une de ses principales sources de richesse et de prospérité.

En me conformant scrupuleusement aux enseignements qui m'ont été fournis par l'étude des lois de la nature ; j'ai donné, en quelque sorte, un corps de culture à tous les procédés isolés formulés par les entomologistes ou les agronomes les plus distingués, et j'ai résumé, en une seule théorie, les sentiments opposés des savants divisés, en deux camps sur l'origine et la cause de la maladie de la vigne. Pour qui sait penser, cette synthèse ne sera pas le signe le moins caractéristique de la vérité de mes observations.

(1) *Revue horticole*, 16 septembre 1874. *La tailte de la vigne et le Phylloxera*. (Visé plus haut par erreur du 1ᵉʳ septembre).

Si la méthode de la vigne en hautain se présente désormais avec des preuves scientifiques, et des chances de succès qui invitent le cultivateur à en faire l'essai, mon but sera atteint. Je le borne là. Je n'entends pas, en effet, sortir d'une prudente réserve et renoncer au bénéfice de l'expérimentation. C'est le succès qui doit nous juger tous, en dernier ressort, et tant que sa sentence n'est pas prononcée, il convient à une théorie d'être modeste et de parler bas. La nature est un sphinx mystérieux qui se plait à nous poser des questions en termes obscurs. Quel homme peut se flatter de lui avoir arraché son secret ? Nous avons chacun donné notre réponse. C'est à elle à parler en souveraine qu'elle est, et à couronner celui qui aura le mieux pénétré le sens de l'énigme.

Avignon. Typographie F. Seguin aîné, rue Bouquerie 13.

NOTES CONFIRMATIVES

A

LA TAILLE DE LA VIGNE ET LE PHYLLOXERA

Des esprits éclairés ont, dans ces derniers temps, appelé l'attention des viticulteurs sur les inconvénients du mode de taille généralement adopté aujourd'hui dans la plupart des vignobles. Les uns se sont élevés avec énergie contre les mutilations répétées que l'on fait subir à la vigne par le système de taille courte, qui est généralement en usage dans le plus grand nombre des vignobles français. D'autres n'étaient pas éloignés de croire qu'en adoptant la taille longue, on préserverait la vigne des atteintes du Phylloxera. Enfin, il en est aussi qui attribuent à la taille courte une influence plus considérable encore sur la maladie de la vigne : ils vont même jusqu'à la considérer comme la cause première, et probablement unique, sinon de la présence du Phylloxera, tout au moins des ravages qu'il produit dans nos vignobles.

Il n'est donc peut-être pas hors de propos d'appeler l'attention sur cette grave question, qui a besoin d'être envisagée sous toutes ses faces, car elle a acquis de nos jours une importance exceptionnelle.

. . . .

Mais si des nécessités de culture nous ont obligés à réduire la vigne aux proportions d'un tout petit arbuste, il n'en est pas moins vrai qu'en l'empêchant ainsi de prendre le développement que sa nature comporterait, on diminue sa vigueur, et partant sa vitalité. En temps ordinaire, cette cause d'affaiblissement ne tirait pas beaucoup à conséquence ; quand le vignoble était trop vieilli par divers accidents, ou qu'il était trop usé par une abondante et longue production, on l'arrachait, et quelques années après, on pouvait le reconstituer sur le même terrain. Il n'en est plus de même aujourd'hui que le Phylloxera exerce ses ravages, car l'expérience nous a démontré que ce parasite a plus facilement raison des vignes qui sont déjà en butte à quelque cause d'affaiblissement.

. . . .

Nous pourrions ajouter ici que nous trouverions certainement plus d'un enseignement dans l'étude des nombreuses manières de cultiver la vigne en Italie ; elles varient beaucoup dans chacune des parties de ce beau pays ; et quand nos occupations nous le permettront, nous ne manquerons pas de dépouiller les nombreuses notes que nous avons prises et de publier les observations que nous avons pu faire sur tout ce qui nous a paru intéressant pour notre viticulture, dans toute la péninsule italique. Si, par exemple, et contrairement à nos prévisions, la culture des cépages américains venait à se généraliser dans nos contrées, on trouverait là plusieurs moyens culturaux aussi ingénieux qu'économiques, qui conviendraient admirablement au mode de végétation de ces cépages.

Maintenant, est-ce à dire que nous devions engager tous nos viticulteurs à modifier leur système de culture, pour adopter le mode de conduite de la vigne en guirlandes, dont nous venons de dire quelques mots et dont nous avons admiré les plus remarquables spécimens dans la fertile vallée de Baguoli, près de Naples ? Cela semblerait résulter, en effet, de ce que nous venons d'exposer ; mais nous pensons que cette question a besoin d'être étudiée plus complètement que nous ne pouvons le faire ici. On doit, en effet, y regarder à deux fois avant d'entrer dans cette voie, car c'est là toute une révolution à opérer dans notre viticulture, qui ne pourrait se faire qu'à la longue, et quand il serait bien démontré qu'il y a tout avantage à en retirer.

. . . .

(Sahut. Paris. *Revue Horticole*, 16 septembre 1874.)

—

B

Dans une lettre qu'il vient de nous adresser à propos du Phylloxera, M. Jules Giéra, propriétaire à Gadagne (Vaucluse), s'élève à des considérations philosophiques d'après lesquelles, en examinant l'harmonie de la nature et l'enchaînement des faits, ce savant observateur conclut que le mode de culture adopté dans le Midi de la France pourrait bien entrer pour une large part dans la cause qui a déterminé l'apparition du Phylloxera, ou qui du moins contribue à sa rapide extension.. . . . .

. . . .

Après avoir fait ressortir que la culture à basse tige adoptée dans nos pays, épuise le cep et affaiblit le système radiculaire et que le mal est toujours plus grand au centre des vignes que sur les bords, là où l'air circule plus librement, M. J. Giéra ajoute :

« Dès lors, le remède est entrevu : il faut aérer les vignes, élever les ceps et les espacer davantage ; il nous faut revenir à la pratique des anciens, adopter la culture de la vigne à haute tige ou en hautains ; il nous faut aussi, comme eux, déchausser en septembre à l'époque de l'éclosion des œufs, et rendre ainsi impossible au Phylloxera l'attaque du cep. Les pieds étant moins nombreux, l'opération sera plus facile et moins coûteuse..... »

(A. Carrière. *Revue Horticole*, 15 octobre 1874.)

—

C

Dans la *Revue Agricole et Forestière de Provence*, mois de décembre 1874, l'on n'a que l'embarras du choix pour les articles à recommander.

Toutefois, celui de M. J.-B. Gaut, sur l'*Agriculture chez les Gaulois*, dont vous avez toujours apprécié le mérite, a cela de particulier que, dans cette livraison, l'on s'occupe des vignobles, de la vigne et du vin. Vous y puiserez de grands enseignements, et peut-être même le moyen de préserver vos vignes de la mort.

Pour vous citer un seul exemple, nous vous dirons que le portique de Livie, à Rome, servant de promenade, était entièrement couvert par les pampres d'un seul pied de vigne, qui produisait annuellement 234 litres de vin ! *Espérons que nous en reviendrons à ce procédé.* En attendant, étudions l'ancienne taille, dont nous nous sommes peut-être trop éloignés. Vous en jugerez en lisant l'article en question.

(Dr Sicard, *Revue Horticole des Bouches-du-Rhône*, décembre 1874.)

—

D

Y a-t-il, ainsi que certaines personnes l'ont affirmé, des cépages indemnes, c'est-à-dire complètement à l'abri des attaques du Phylloxera ? Malheureusement, la chose est loin d'être prouvée ; on est même en droit de soutenir le contraire. En effet, les expériences qu'on a tentées sur divers points n'ont pas répondu à l'idée qu'on s'en était faite, et la plupart des cépages, considérés comme rebelles aux attaques du Phylloxera, ont été attaqués De là grande déception pour certains écrivains qui s'étaient fait un nom en affirmant la chose, ainsi que pour certains spéculateurs qui avaient trouvé là une mine à exploiter — et qu'ils exploitaient si bien ! — pour les naïfs qui, s'étant accrochés à cette illusion, voyaient dans les cépages américains, dont ils avaient fait une ample provision, le moyen de réparer, ou du moins d'atténuer les désastres occasionnés par le Phylloxera. Quant à nous, nous n'en sommes pas surpris ; nos lecteurs savent que jamais nous n'avons compté sur ces vignes « indemnes, » dont toujours nous avons combattu l'engouement Nous regrettons ici d'avoir eu raison, mais la question paraît tranchée, d'après ce qui ressort nettement du passage suivant, que nous extrayons d'une lettre de M. le docteur Turrel, secrétaire général da la Société de botanique et d'acclimatation du Var :

Toulon, 22 septembre 1874.

Cher Monsieur Carrière,

...Vous devez, à cette heure, être édifié sur les promesses faites au nom des cépages américains, car il est avéré que les vignes américaines plantées à Roquemaure, ont succombé comme les vignes européennes..... Mais déjà on propose des cépages inédits, qu'on recommande en les cotant suivant leur mérite. Lorsque ceux-ci auront fait leurs preuves, on en trouvera certainement d'autres tout aussi méritants et de plus en plus chers, et on aura alors opéré un intelligent drainage d'argent chez les simples et les infatués.

« Agréez, etc.

Dr L. TURREL. »

(A Carrière. Paris. *Revue Horticole*, 1er décembre 1874.)

E

Lambesc, le 4 janvier 1874.

Monsieur J. Giéra,

Suivant votre désir, je me suis informé, pendant mon séjour à Jouques, du résultat de la submersion appliquée aux vignes ; il est avéré que ce système n'a pas donné tous les résultats qu'on en attendait, car, cette année, on a renoncé à en renouveler l'application.

Il en a été de même dans d'autres localités, notamment à Rousset (canton de Trets), où M. Borde opérait sur des vignobles d'une étendue considérable.

Reste donc notre *méthode seule* pour arrêter l'invasion du fléau. Il importe, par conséquent, d'en faire connaître *au plus tôt* les détails et de presser la publication de votre brochure.

. . . .

Agréez, Monsieur, etc.

(Marius Faudrin, professeur d'Horticulture et collaborateur de la *Revue Horticole*. Paris.)

—

F

Orgon, 16 janvier 1875.

Monsieur J. Giéra,

. . . .

En ce qui concerne le Phylloxera, je puis vous affirmer que, dans toutes les localités par moi visitées, je n'ai remarqué aucune treille malade, même là où les souches ont à peu-près disparu.

. . . .

Agréez, Monsieur, etc.

Marius FAUDRIN.

www.ingramcontent.com/pod-product-compliance
Lightning Source LLC
Chambersburg PA
CBHW050526210326
41520CB00012B/2460